MiYA

MIYA字解日本

鄉土料理

茂呂美耶

MiYA

字解日本

鄉土料理

contents

前言 6

北海道

北海道 12
鄉土料理：ジンギスカン、石狩鍋、ちゃんちゃん焼き
本地人氣料理：ウニ&イクラ丼、スープカレー

東北地方

青森縣 20
鄉土料理：莓煮、煎餅汁

岩手縣 24
鄉土料理：わんこそば、ひっつみ
本地人氣料理：盛岡冷麺、盛岡じゃじゃ麺

宮城縣 32
鄉土料理：ずんだ餅、はらこ飯
本地人氣料理：牛タン焼き

福島縣 38
鄉土料理：こづゆ、にしんの山椒漬け

秋田縣 42
鄉土料理：きりたんぽ鍋、稲庭うどん
本地人氣料理：横手焼きそば

山形縣 48
鄉土料理：芋煮、どんがら汁

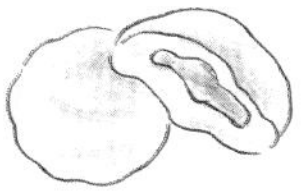

關東地方

栃木縣 54
鄉土料理：しもつかれ、ちたけそば
本地人氣料理：宇都宮餃子

茨城縣 60
鄉土料理：あんこう料理、そぼろ納豆

群馬縣 64
鄉土料理：おっきりこみ、生芋こんにゃく料理
本地人氣料理：焼きまんじゅう

埼玉縣 70
鄉土料理：冷汁うどん、いが饅頭
本地人氣料理：焼き鳥

千葉縣 76
鄉土料理：太巻き壽司、イワシのごま漬け

東京都 80
鄉土料理：深川丼、くさや
本地人氣料理：もんじゃ焼き

神奈川縣 86
鄉土料理：へらへら団子、かんこ焼き
本地人氣料理：橫須賀海軍カレー

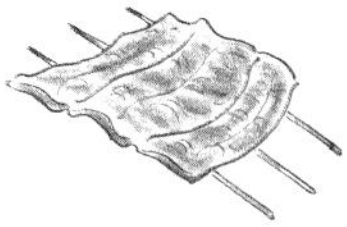

中部地方

新潟縣 92
鄉土料理：のっぺい汁、笹壽司

長野縣 96
鄉土料理：信州そば、おやき

山梨縣 100
鄉土料理：ほうとう、吉田うどん

靜岡縣 104
鄉土料理：桜えびのかき揚げ、うなぎの蒲焼き
本地人氣料理：富士宮やきそば

愛知縣 110
鄉土料理：ひつまぶし、味噌煮込みうどん

富山縣 114
鄉土料理：鱒壽司、ぶり大根

岐阜縣 118
鄉土料理：栗きんとん、朴葉味噌

石川縣 122
鄉土料理：カブラ壽司、治部煮

福井縣 126
鄉土料理：越前おろしそば、さばのへしこ

近畿地方

滋賀縣 132
鄉土料理：鮒壽司、鴨鍋

三重縣 136
鄉土料理：伊勢うどん、手こね壽司

京都府 140
鄉土料理：京漬物、賀茂なすの田楽

大阪府 144
鄉土料理：箱壽司、白みそ雑煮
本地人氣料理：お好み焼き、たこ焼き

兵庫縣 150
鄉土料理：牡丹鍋、いかなごのくぎ煮
本地人氣料理：明石焼き、神戸牛ステーキ

奈良縣 156
鄉土料理：柿の葉壽司、三輪素麵

和歌山縣 162
鄉土料理：鯨の竜田揚げ、めはり壽司

中國地方

鳥取縣 170
鄉土料理：かに汁、あごのやき

島根縣 174
鄉土料理：出雲そば、しじみ汁

岡山縣 178
鄉土料理：岡山ばら壽司、ままかり壽司

廣島縣 184
鄉土料理：牡蠣の土手鍋、あなご飯
本地人氣料理：廣島風お好み焼き

山口縣 188
鄉土料理：河豚料理、岩国壽司

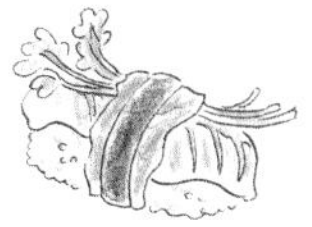

四國

德島縣　鄉土料理：蕎麥米雜炊、ぼうぜの姿寿司　196

香川縣　鄉土料理：讃岐うどん、あんもち雜煮　200

愛媛縣　鄉土料理：宇和島鯛めし、じゃこ天　204

高知縣　鄉土料理：かつおのたたき、皿鉢料理　208

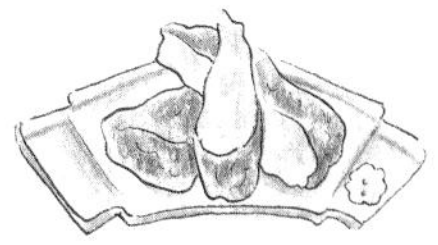

九州・沖繩

福岡縣　鄉土料理：水炊き、がめ煮　本地人氣料理：辛子明太子　214

佐賀縣　鄉土料理：呼子イカの活きづくり、須古寿し　220

長崎縣　鄉土料理：卓袱料理、具雜煮　本地人氣料理：皿うどん、ちゃんぽん、佐世保バーガー　224

大分縣　鄉土料理：ブリのあつめし、ごまだしうどん、手延べだんご汁　230

熊本縣　鄉土料理：馬刺し、いきなりだご、辛子蓮根　本地人氣料理：太平燕　236

宮崎縣　鄉土料理：地鶏の炭火焼き、冷や汁　本地人氣料理：チキン南蠻　244

鹿兒島縣　鄉土料理：雞飯、きびなご料理、つけあげ　本地人氣料理：黑豚のしゃぶしゃぶ　250

沖繩縣　鄉土料理：沖繩そば、ゴーヤーチャンプルー、いかすみ汁　256

前言

鄉土料理是具有濃厚地方色彩的傳統料理，不但用當地食材，並應當地的氣候風土、歷史文化，以當地的獨特調理方式做出，並在最時宜的季節或特殊節日上桌。由於鄉土料理是代代相傳的家庭口味，往昔交通工具不發達的時代，離鄉背井的人在外地很難吃得到故鄉料理，如今流通渠道五花八門，日本近年來又很流行產地直銷方式，縮短了生產者與消費者之間的距離，因此素來只有當地人知曉的鄉土料理便逐漸受到矚目。

日本農林水產省於二〇〇七年十二月，根據各都、道、府、縣廳的推薦目錄與全民網路投票結果，自將近一千七百道候補料理中，選定九十九道各縣代表性鄉土料理，命名為「農山漁村鄉土料理百選」。名為「百選」，實際只有九十九道料理，目的是想讓每個國民補上自己心目中最懷念的第一百道家鄉菜。此外，除了真正的鄉土料理，還讓當地居民選出二十三道「想推薦給外地人的本地人氣料理」。大抵說來，本地人氣料理都是聞名全日本的佳餚或小吃，但鄉土料理目錄中則有不少外地人從未聽聞或吃過的珍饈，非常有趣。

本書除了介紹前述料理，也漫然聊些有關料理的妙聞韻事，想到什麼就寫什麼。以料理來比喻，這些小故事等同主菜前的冷盤或飯後咖啡甜點，希望能博得各位讀者的小小掌聲。偶爾也插花描述日本某些縣的縣民性，並根據日本總務省、農林水產省、厚生勞動省、內閣府、警察廳等中央省廳所統計的數字結果，摘錄一些有趣的雜學知識，讓大家能進一步了解日本大和民族的國民性。所謂「縣民性」，並非單指該縣人的籠統思想觀念和氣質，還包括飲食、消費傾向以及存款金額等科學性的具體統計數字。當地的地形、氣候、歷史、人口、產業、教育方式……均是形成縣民性的因素之一，但縣民性亦不能代表該縣每個人均具有此特質，而是在統計數字上占大多數而已。

此外，縣民性的地域範圍也並非純指戶籍上登記的出生地，例如我的籍貫是日本埼玉縣，但我實際出生成長於台灣高雄市，就縣民性來說，我應該具有台灣南部人的氣質。或者有些人出生在東京，卻在上幼稚園之前便全家搬到京都，小學、中學都在京都度過，如此一來，即便該人的籍貫是東京，該人的縣民性也應列入「京都人」項目中。總之，在沿海城市成長的人與在內陸深山成長的人，思想觀念和個性會有差異是可想而知的事實。

在日本，有關縣民性的最初著述是《人國記》，作者與成立年代不詳，但估計在西元一五〇〇年之前便有了。此書是十六世紀日本戰國大名武田信玄愛讀的書之一，畢竟了解鄰國風土、人情、國民氣質與個性，是身為一國之主該盡的職責；江戶時代地誌學者関祖衡（Seki-Sokou）又附上地圖、解說，改編為《新人國記》。這類書籍在現代日本通常成為企業商品行銷參考資料。例如摩托車，倘若送到一年中有將近半年都是雪天的北海道，會很難賣出，所以北海道的摩托車普及率只占百分之八；但在鐵路網不發達的四國則可以成為搶手貨，四國氣候溫暖，縣民個性開朗，比較喜歡開放式的摩托車，也因此摩托車普及率居日本首位，約占百分之四十。

ほっかいどう

Hokkaidou

北海道

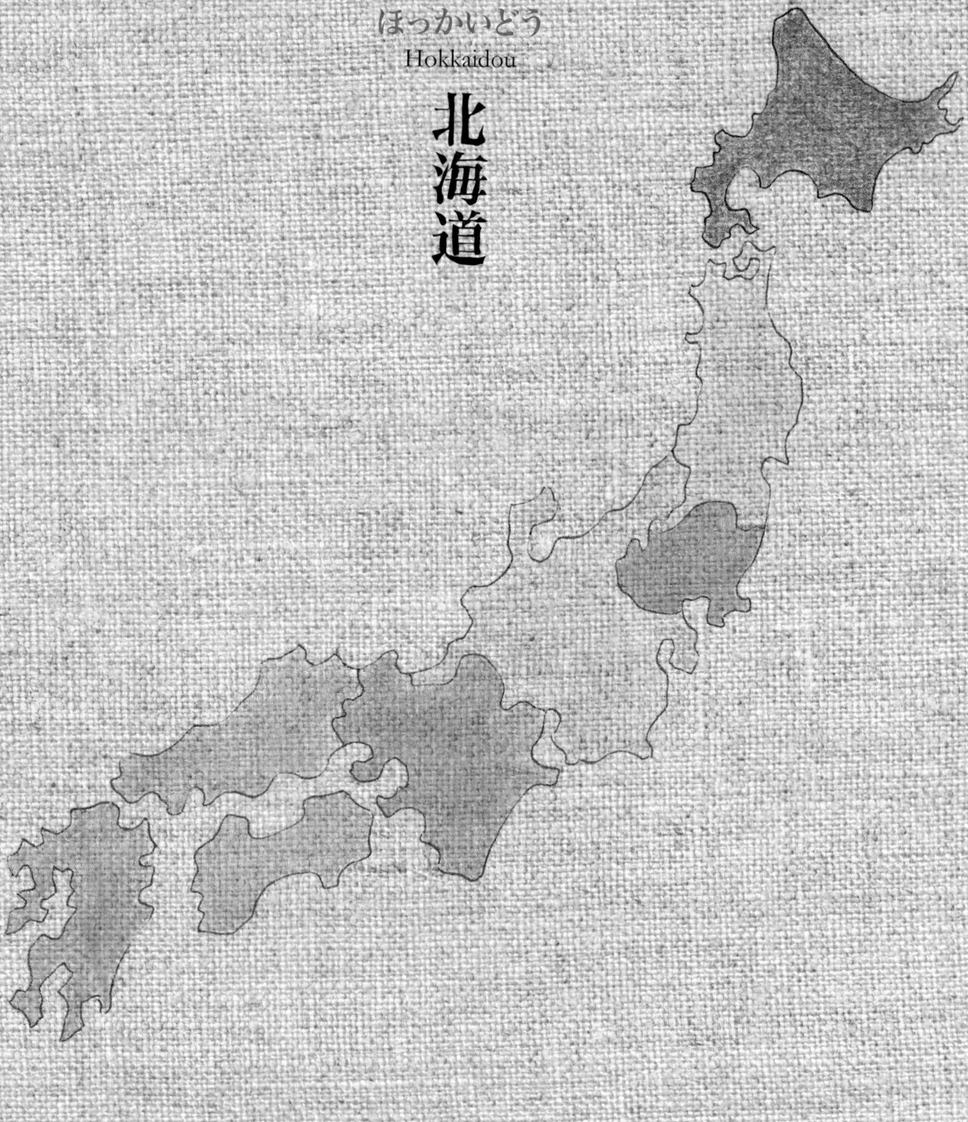

北海道
（ほっかいどう／Hokkaidou）

｜人口｜
約554萬

北海道面積占日本總面積百分之二十以上，西臨日本海，東南瀕太平洋，東北濱鄂霍次克海。除了三面環海，道內另有石狩（Ishikari）平野、十勝（Tokachi）平野等大地，以及十三個一級水系、四十八湖沼，農漁牧發達，糧食自給率是百分之二百以上，可以說是日本的食糧寶庫。漁獲量占全日本四分之一，馬鈴薯產量占全日本八成，小麥產量占六成，是日本廚房的大支柱。

「道」是行政單位，日本有一都、一道、二府、四十三縣，北海道**道廳**（Douchou）所在地是札幌市（Sapporoshi），與中國遼寧省瀋陽市是友好城市。北海道有許多地名發音均音譯自原住民**阿伊努**（Ainu）人的方言，例如札幌的「幌」，意思是「廣大」，「札幌」是「乾燥大地」之

ジンギスカン／Jingisukan

意；「**稚內**」（Wakkanai）的「內」代表河川、山谷、沼澤；「**登別**」（Noboribetsu）、「**紋別**」（Monbetsu）的「別」均意謂河川。北海道土生土長的人稱為「**道產子**」（Dosanko），北海道所產的馬也稱為「道產子」。

日本有兩個城市自稱日式咖哩發祥地，一是北海道札幌市，另一是神奈川縣橫須賀市；這兩個城市的各個商店街自治會均積極向日本全國宣揚本地咖哩。大部分日本人都知道英式咖哩是由日本海軍廣傳至全國各地，明治二十一年（一八八八），海軍「五等廚夫教育規則」中便有「咖哩飯製法」這條項目。神奈川縣的本地人氣料理「橫須賀海軍咖哩」正是傳承了往昔的製法。另一方面，札幌市則主張札幌農業學校（北海道大學）的首任副校長克拉克博士（William Smith Clark／一八二六

石狩鍋／Ishikarinabe

ちゃんちゃん焼き／Chanchan-Yaki

鄉土料理：

ジンギスカン（Jingisukan）、**石狩鍋**（Ishikarinabe）、**ちゃんちゃん焼き**（Chanchan-Yaki）。

本地人氣料理：

ウニ&イクラ丼（Uni＆Ikuradon）、**スープカレー**（Su-Pukare-）。

「Jingisukan」寫成漢字是「成吉思汗」，但這道料理的發源地是北海道，與蒙古民族毫無任何關係。調理方式是在一種狀如帽子的特製鐵鍋上，放置蘸了調味醬汁的羊肉片和各種蔬菜邊烤邊吃。「石狩鍋」是石狩川漁夫在捕獲鮭魚時，為打發等待撈網的無聊時間而發明出的火鍋料理。做法是將整條鮭魚切成大塊，與當地蔬菜、馬鈴薯、豆腐等一起用昆布高湯燉煮，調味是味噌。

「Chanchanyaki」也是鮭魚料理，但不是火鍋，而是用鐵板乾蒸。做法是先在鐵板塗上奶油，中間撒了鹽、胡椒的半條鮭魚，四周放各式各樣蔬菜，最後澆上以酒調好的白味噌，再蓋上鋁箔紙蒸熟。吃時用筷子把鮭魚肉和蔬菜攪合一起，直接從鐵板夾菜，這也是著名的漁夫料理之一。

本地人氣料理的「Uni＆Ikuradon」則是蓋飯，白飯上半邊是口感黏糊的海膽，半邊類似西米珍珠的晶瑩醃漬鮭魚子，顏色鮮豔，在觀光客之間非常吃香。「Su-Pukare-」是湯咖哩，一般日式咖哩均很濃稠，類似羹，通常直接拌飯吃，但北海道的湯咖哩則是單獨一道湯菜，白飯另外盛在碗內；特色是搭配多種食材，食材均切得很大，而且肉類都燉得很軟。

～一八八六），於明治九年（一八七六）草擬的校規中有一條「學生不准食用米飯，只可進食麵包，但咖哩飯例外」規則。不過，真相如何則不得而知，畢竟克拉克博士只在札幌待了八個月而已。

而根據史料，以岩倉具視（Iwakura-Tomomi／一八二五～一八八三）公卿為團長的歐州使節團，於明治四年（一八七一）進行環遊歐美諸國時，歸途曾在錫蘭（斯里蘭卡）吃過咖哩飯，同行者之一留下「用手攪拌吃食」的手記。第二年，日本便出版了兩冊正式西洋料理指南書，其中有一道料理正是咖哩飯。無論發祥地是札幌亦或橫須賀，總之，咖哩在明治時代末期已成為日本大眾食堂的常見料理，到了大正時代，加入洋蔥、馬鈴薯、紅蘿蔔的日式咖哩才逐漸登上上流階層家庭的餐桌。

夏目漱石（Natsume-Souseki／一八六七～一九一六）於明治三十三年（一九〇〇）搭船前往英國倫敦留學時，途中也在錫蘭吃了咖哩飯。八年後，夏目漱石在朝日新聞連

ウニ＆イクラ丼／Uni＆Ikuradon

載長篇小說《三四郎》時，特地在小說中讓三四郎吃了咖哩飯。不過真正讓咖哩成為日本大眾料理的人物應該是阪急電鐵、阪急百貨店、寶塚歌劇團等阪急阪神控股集團創業者小林一三（Kobayashi-Ichizou／一八七三～一九五七），他在昭和四年（一九二九）於大阪北區開張阪急百貨店時，店內大食堂的招牌菜正是咖哩飯，當時價格是十錢，其他零點菜單均為三十錢，導致消費者為了吃這道廉價招牌菜而大排長龍。

スープカレー／Su-Pukare-

とうほくちほう

Touhoku-Chihou

東北地方

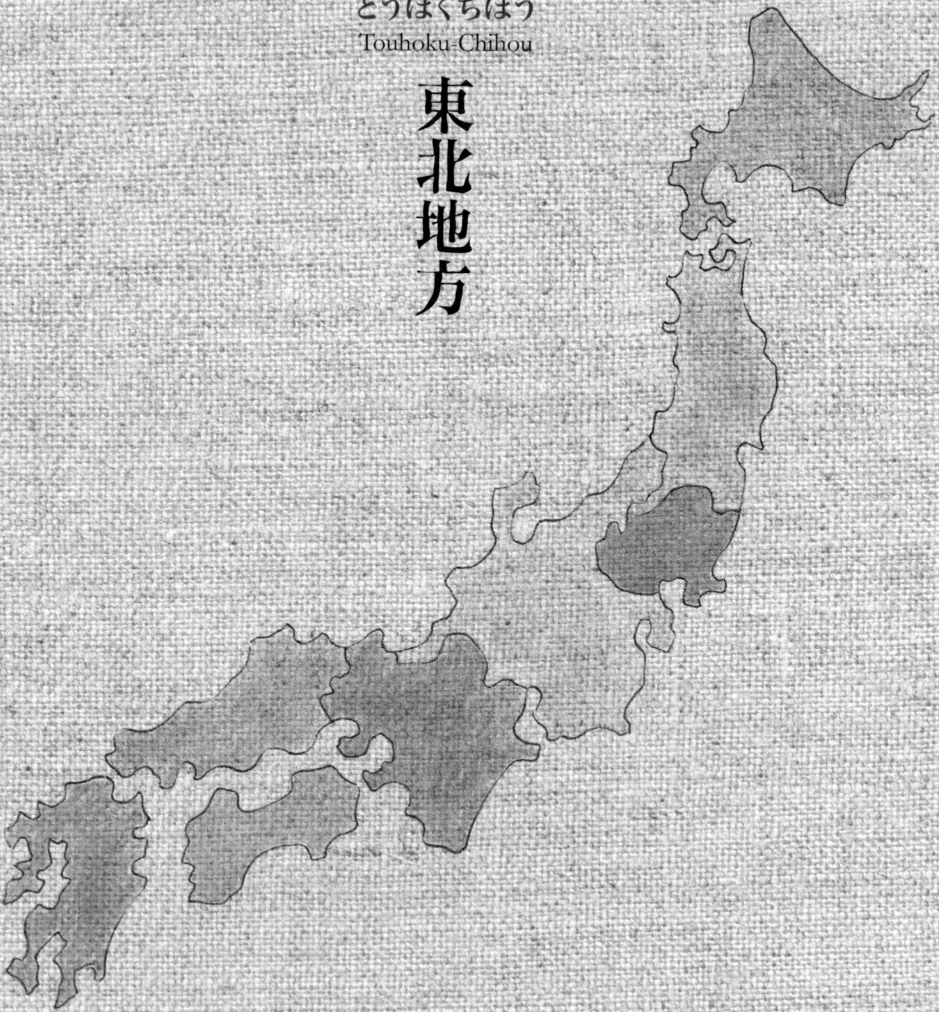

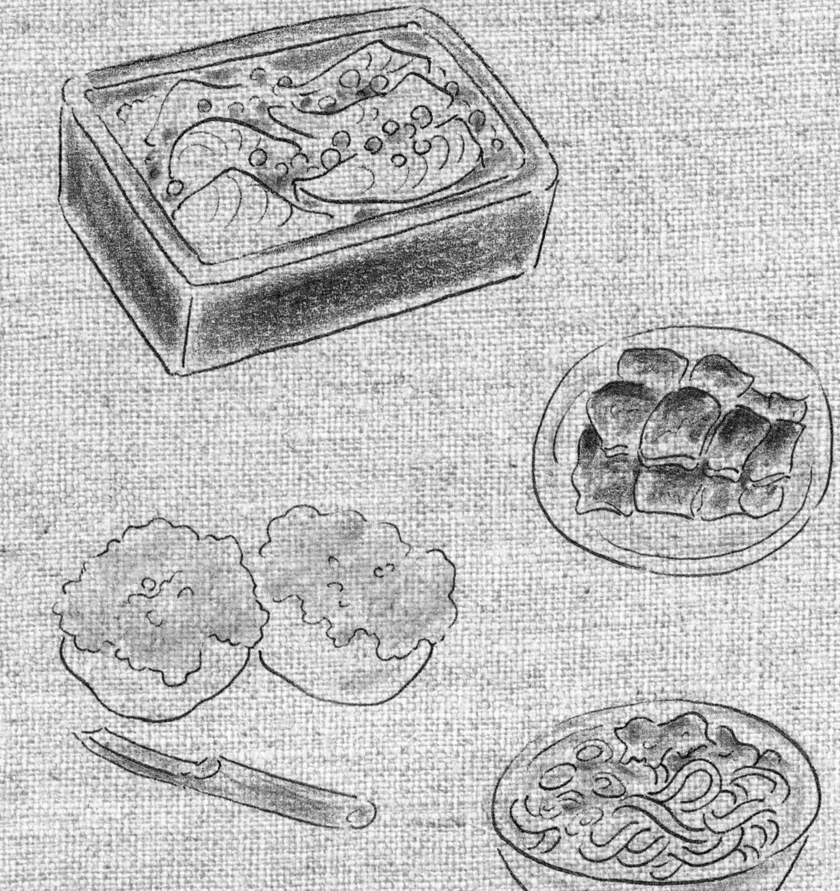

青森縣

（あおもりけん／Aomoriken）

｜人口｜

約 138 萬

青森縣位於日本本州最北部，三面環海，南側緊鄰岩手縣、秋田縣，方言至少有三種以上，縣廳（Kenchou）所在地青森市（Aomorishi）與中國遼寧省大連市是友好城市。縣內盛產蘋果，產量占日本全國總量約半數，居日本第一；全縣總面積百分之七十是森林，為日本三大美林之一。跨越青森縣西南部及秋田縣西北部的原生林「**白神山地**」（Shirakami-Sanchi），則為世界自然遺產之一，但此地並非觀光區，由於未經人手砍伐破壞，核心區域沒有任何山路，今後也不會鋪設道路。青森縣最有名的祭典是八月初的「**ねぶた祭り**」（Nebutamatsuri），參與祭典的壯漢口中齊聲吆喝，拉著各式各樣模型大拉車在街上遊行，非常壯觀。此外，青森、岩手、宮城、福島四縣，古名合稱「**陸奥**」（Mutsu），簡稱「**奥州**」（Oushu）。

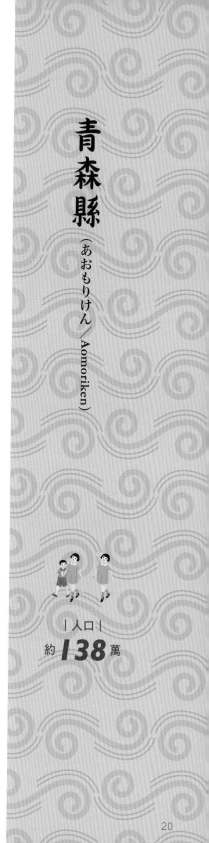

煎餅汁／Senbeijiru

鄉土料理：

莓煮（Ichigoni）、**煎餅汁**（Senbeijiru）。

「莓煮」並非用草莓煮成的食物，而是用海膽、鮑魚片煮成的清湯，調味料是鹽和些許醬油。煮成的清湯帶乳白色，湯內的紅色海膽看似映在朝靄中的野草莓，因此取名「莓煮」。通常盛在帶蓋子的漆器小碗，吃時打開蓋子會有一股海潮味撲鼻而來，味道鮮美。「煎餅汁」是火鍋，在雞湯內放入牛蒡、菇類、蔥，再放火鍋專用的「南部煎餅」（Nanbu－Senbei），煮成後，滲入湯汁的煎餅嚼頭十足，類似用麵粉和水煮成的麵糰。南部煎餅以「八戶（Hachinohe）煎餅」最有名。

日本有個傳說，謂「**煎餅**」（Senbei／米果，別名仙貝）製法是空海（Kuukai／七七四～八三五）自唐國帶回日本，再傳授給一位名為和三郎的人，讓他流傳日本。此說法完全是胡說八道。「和三郎」這種名字在平安時代初期根本不可能出現，分明是江戶時代常見的名字。又有另一種說法，謂戰國時代茶人千利休（Sen-Rikyuu／一五二二～一五九一）有位弟子名幸兵衛，他用麵粉加砂糖製成米果，再取千利休名字中的「千」字，取名為「千幸兵衛」，因此「**千兵衛**」（Senbei）發音才成為現今日語煎餅發音。這也是一派胡言，不知是誰先信口開河。

根據中國古書《**荊楚歲時記**》，「正月」一文中記載：「正月七日為人日，……北人此日食煎餅，於庭中作之。」《荊楚歲時記》是南朝時代的書，記載荊楚之間自元旦到除夕的節令風俗。而南朝是六世紀，這可能是有關「煎餅」的最早紀錄。日本的最早紀錄則為「但馬國正稅帳」，但馬國是兵庫縣北部，

「正稅帳」並非稅金出納紀錄，而是記載官廳年間收支以及當時的儀式內容與物品、物價等等，算是一種公文。

目前奈良東大寺大佛殿正倉院（Shousouin）保存著二十四份公文，其中之一的「但馬國正稅帳」是七三七年的紀錄，裡面首次出現「煎餅」一詞。而空海生於七七四年，表示日本在空海誕生之前便有煎餅這吃食了。此外，天正十九年（一五九一）著作的《**利休百會記**》中，記載豐臣秀吉出席的茶會中，點心正是煎餅。既然茶會點心是煎餅，也表示不可能是幸兵衛發明的。

江戶時代元祿三年（一六九〇）出版的《**人倫訓蒙圖彙**》中，提及京都六條有位煎餅名人，他做的煎餅是六條名產，並附上用筷子夾煎餅直接在火上烤的製法圖。這大概是日本現存最古老的煎餅圖。而天明七年（一七七八）出版的《**江戶町中食物重寶記**》，則介紹了三十餘家煎餅舖和各式各樣煎餅，可見煎餅在這時期已成為庶民的普遍點心。現代日本這種用米製成的「米果」，其實是明治時代以後才廣為流傳，幕末之前都用麵粉，那才是名符其實的「煎餅」。

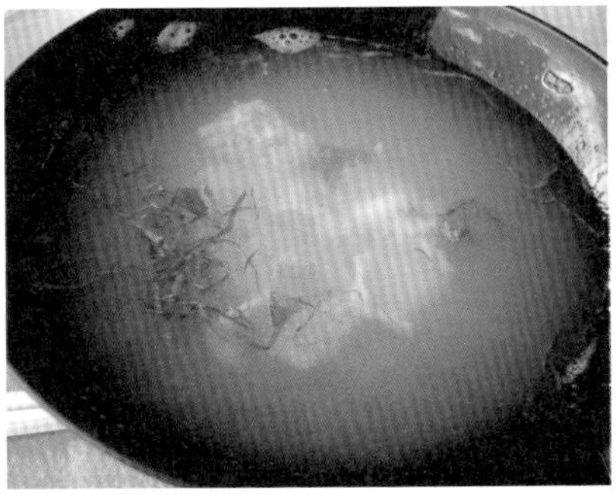

苺煮／Ichigoni

八戸煎餅／Hachinohe-Senbei

岩手縣（いわてけん／Iwateken）

|人口|
約134萬

岩手縣總面積居日本第二位，在地圖上位於青森縣下方右側，東邊太平洋盛產貝類海藻，鮑魚、裙帶菜產量居日本第一，其他如龍膽、短角牛、木炭、生漆等產量均居日本首位，縣廳所在地為盛岡市（Moriokashi）。日本民俗學之父柳田國男（Yanagita-Kunio）所著的妖怪民間傳說名作《**遠野物語**》（Toono-Monogatari），背景正是岩手縣遠野市；而詩人、童話作家宮澤賢治（Miyazawa-Kenji）的故鄉是岩手縣花卷市（Hanamakishi）；現代小說家高橋克彥（Takahashi-Katsuhiko）也是岩手縣人，目前住在盛岡市。

ひっつみ／Hittsumi

鄉土料理：

わんこそば（Wanko-Soba）、**ひっつみ**（Hittsumi）。

本地人氣料理：

盛岡冷麵（Morioka-Reimen）、**盛岡じゃじゃ麵**（Morioka-Jajamen）。

「Wanko-Soba」是一碗只盛一小口蕎麥麵的傳統鄉土料理，吃法極為獨特，食客身邊會站著一位服務員，每當食客吃完一碗，服務員會馬上於碗內倒入另一碗。由於倒麵速度非常快，食客通常用吞的，據說成人男子平均可以吃六十碗。每年二月、三月分別在花卷市、盛岡市舉行競賽大會，而每年十一月則在盛岡市舉行全國大賽。至今為止，限定時間十五分鐘的全國大會最高紀錄是四五一碗（男子）、三四〇碗（女子）。

「Hittsumi」是方言，說穿了就是用麵粉和水撕成塊狀煮成的「水團」（Suiton），食材是雞肉，調味料是醬油。本地人氣料理的「盛岡冷麵」和「Jajamen」（炸醬麵）均為聞名全日本的麵類，冷麵麵條與意大利麵類似，很有嚼頭，特色是上面加西瓜、蘋果之類的水果；炸醬麵的麵條則為扁條烏龍麵。

高橋克彥於一九九五年設立的「**盛岡文士劇**」（Morioka-Bunshigeki）非常有名，每年十二月初召集作家、文藝界名人分為兩班，在盛岡市盛岡劇場演出現代劇、時代劇各一場。通常十月初開始售票，只是很快就會被搶購一空，一般外地人很難買得到票。由於演員均為非專業演員，據說這些文藝界大作家往往會忘了台詞，甚至在台上即興穿插台詞，而且因台詞盡可能用岩手縣方言，常惹得滿堂爆笑。

宮澤賢治過世後始被人發現的詩，亦是他的代表詩作

〈不怕雨〉：

不怕雨
不怕風
不怕大雪不怕夏日
身子結實骨子硬
沒有慾望
絕不生氣
臉上總是恬靜笑著

一天四合糙米淡飯
幾匙豆醬少許粗菜
事事不動心不動容
事事要耳聞要目睹
然後刻印在我心中

わんこそば／Wanko-Soba

在那原野松林深處
蓋棟我棲身小茅屋

村東若有病痛小兒
讓我細心去照顧
村西若有疲累大媽
我去幫她背稻穀
村南若有臨終老輩
趕去叫他不要怕
村北若有爭執口角
我去勸說無聊啊

大旱時節我淚眼汪汪
冷夏之季我焦慮不安

大家罵我是大傻瓜

盛岡冷麵／Morioka-Reimen

雖然沒人誇獎讚揚
但也沒人會傷腦筋
我
正是想當這種人

宮澤賢治生於一八九六年，歿於一九三三年，終身未娶，享年三十七。他雖然留下眾多口碑載道的童話作品，但生前只得過刊載於《**愛國婦人**》雜誌的一篇童話〈渡雪〉五圓稿費而已，他的作品均為他過世後才結集成書。世人對他的印象是「晴耕雨讀素食詩人童話作家」，不過，或許因為出生於富裕家庭，年輕時的他亦曾追求時髦，走在時代先端，不但製作了命名為「電氣葡萄酒」的怪酒（說穿了是在燒酒混入黑豆汁、酒石酸、檸檬酸、砂糖、蜂蜜、葡萄酯等化合物製成的雞尾酒），也曾學過世界語（Esperanto）、大提琴，更策劃過人造寶石事業。

他任職於花卷農業高校時，時常帶學生到市內吃天麩羅蕎麥麵和在當時被視為高級飲料的汽水，也愛吃西式全餐，晚年才實踐清貧素食主義。據說某天宮澤賢治的好友去找他時，他特地做了一道「山珍海味」給好友吃，讓好友讚歎不已。這道菜非常簡單，只是把甘藍跟鹹鮭魚加水一起煮熟而已，而且宮澤賢治還將魚骨丟到院子，說那是款待老鼠的美食。當時的宮澤賢治已辭去教師職位，免費教導農民如何施行肥料並推廣農民藝術理論，不但沒有固定收入，也拒絕所有農民或老家的經濟援助，家中清貧如洗。沒錢買茶葉時，就在盛井水的玻璃杯放入幾根松葉當松葉茶喝。我曾試過宮澤賢治發明的那道「甘藍鹹鮭魚」，甘藍本身的甜味配上鹹鮭魚的鹹味，味道確實清淡又好吃。

此外，宮澤賢治生前很喜歡吃蕃茄，他的童話作品中有篇〈黃色蕃茄〉，敘述一對孤兒兄妹在果樹園種了十株蕃茄，其中五株長出鮮紅大蕃茄，另五株長出櫻桃大小的迷你蕃茄，這五株櫻桃迷你蕃茄中出現了一株金光閃閃的黃蕃茄。恰好那時鎮上來了個馬戲團，進帳篷觀看必須繳碎銀或碎金，小兄妹倆沒有碎銀碎金，便用果樹園的四個黃蕃茄當門票，結果慘遭一頓唾罵並被趕走。據說這篇童話中的蕃茄是宮澤賢治實際栽培的品種，而童話是一九二三年前後寫成，當時食用蕃茄在日本還未普及，一般都當做觀賞植物，二次大戰後才逐漸登上日本人的餐桌。也就是說，在食用蕃茄普及於日本社會的二十多年前，宮澤賢治便在作品中寫出迷你黃蕃茄品種，令人不得不佩服他的先見。況且當時的日本人吃蕃茄時習慣蘸糖，宮澤賢治則堅持蕃茄必須蘸鹽才好吃，如今日本人吃蕃茄時都灑鹽或蘸美乃滋、沙拉醬，倘若宮澤賢治地下有知，不知他會作何感想？

盛岡じゃじゃ麺／Morioka-Jajamen

宮城縣

（みやぎけん／Miyagiken）

｜人口｜

約**233**萬

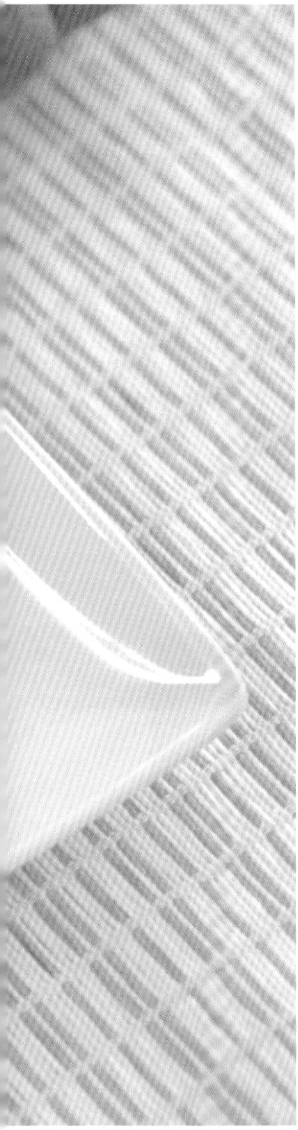

宮城縣位於岩手縣下方，東臨太平洋，西接奧羽山脈（Ouu-Sanmyaku），縣內有山、海、河、平原、丘陵、盆地、半島、孤島，自然資源豐富，亦有日本著名三景之一的松島（Matsushima）。松島包括松島灣內的海灣及二六〇餘個島嶼群，藍天、碧海、白浪、青松，風景秀麗，別有洞天。縣廳所在地仙台市（Sendaishi）是中國文豪魯迅留學之地，與中國吉林省長春市是友好城市，與台灣台南市則為交

ずんだ餅／Zundamochi

鄉土料理：

ずんだ餅（Zundamochi）、**はらこ飯**（Harakomeshi）。

本地人氣料理：

牛タン焼き（Gyutanyaki）。

「Zundamochi」是用搗碎毛豆裹年糕的甜點，顏色碧綠，可以令人還未入口便先開胃。「Harakomeshi」是先用醬油、味醂、砂糖把切成生魚片大小的鮭魚煮熟，再用煮出的湯汁川燙鮭魚子，之後稀釋湯汁跟白米一起煮成熟飯，最後於米飯盛上鮭魚片和鮭魚子，這是盛岡車站最有名的鐵路便當。至於本地人氣料理的「牛舌燒」，則有各式各樣的調味，鹽烤、紅燒、燻製、醃漬、燉煮等等，冬季另有牛舌涮涮鍋。

流促進協定締結城市。日本小說家伊坂幸太郎（Isaka-Koutarou）雖是千葉縣人，但目前住在仙台市，他有部小說名為**《家鴨與野鴨的投幣式置物櫃》**，背景正是仙台市。由於原著的時空跳來跳去，我本來以為不可能拍成電影，豈知中村義洋（Nakamura-Yoshihiro）導演在電影中將此問題處理得非常好，令我拍案叫絕。

提到仙台，我首先想起的日本歷史名人是戰國時代的大名伊達政宗（Date-Masamune／一五六七～一六三六），他因幼時罹患天花，右眼失明，通稱「獨眼龍政宗」。在日本戰國歷史迷眼中，伊達政宗是位生不逢時的人物，倘若他早生三十年，或許可以繼織田信長（Oda-

はらこ飯／Harakomeshi

Nobunaga／一五三四～一五八二）統一日本。

牛タン焼き／Gyutanyaki

伊達政宗亦是著名的美食家，他的興趣正是下廚親自做菜招待客人，據說宮崎縣的鄉土料理毛豆年糕的「Zundamochi」也是他發明出的創作甜點。他留下一句比喻佳餚的名言：「所謂佳餚，即主人親自下廚，若無其事地端出時鮮菜款待客人之意。」又主張：「請客人到家吃飯時，應當實行一道豪華料理主義。並且要自信飽滿地向客人說明，這道料理是今日我所做料理中，最美味的一道。如果不向客人說明，默默地讓客人不知所以然地進食，反倒會令主客雙方都掃興萬分。」我覺得他這番話很有道理，倘若我是客人，下廚的主人在飯桌前滔滔不絕向我說明哪道菜是他今日的拿手菜，那我在吃那道菜時，一定會比吃其他料理時更細心品嚐，並順便請教做法或祕方，如此，飯桌上的場面或話題肯定會更熱鬧，主客談笑間也忘了時光的流逝。

仙台最有名的觀光土產食品是竹葉狀的「**笹蒲鉾**」（Sasakamaboko），即竹葉魚板，此魚板的形狀、名稱均取自伊達家家紋之一的竹雀家紋。伊達家的竹雀家紋圖形是中央有兩隻麻雀，四周用竹葉圍成圓形。外縣人通常直接當下酒菜吃，但宮崎縣人習慣用薑、醬油、味醂、酒、砂糖等紅燒成「**時雨煮**」（Shigureni）；或混入甘藍絲，再用蕃茄醬、醬油、沙拉醬等調味料涼拌；最奢侈的做法是先攪拌海膽、蛋黃，再塗在魚板，用鐵絲網烤。

至於「Harakomeshi」，當地有個民間故事，大致內容是往昔有個男人救了一條鮭魚，那條鮭魚於日後化身為女子出現在村落，她用自己的鮭魚子做出許多美食，令村人口碑載道。但某天終於被識破真面目，女子只得離開村落，她向村人說：「明年十月二十日，我將再度歸來。」之後，每年十月二十日，當地總會出現一條巨大鮭魚率領大群鮭魚自海洋返回東北地區最大河川、日本全國排行第四的北上川（Kitakamigawa）產卵。

福島縣

（ふくしまけん／Fukushimaken）

| 人口 |

約**204**萬

福島縣位於山形縣、宮崎縣下方，東臨太平洋，西接新潟縣，總面積位居日本全國第三位。中央有排行日本第四位的淡水湖豬苗代湖（Inawashiroko），湖水透明，湖面映照著磐梯山（Bandaisan），因此別名「**天鏡湖**」（Tenkyouko）。縣廳所在地是福島市（Fukushimashi）。

我對福島縣印象最深的是幕末時期由會津藩組成的「**白虎隊**」（Byakkotai）哀史。會津藩是德川將軍一族，明治維新動亂時與官軍敵對，激戰長達一個月，最終城池陷落於官軍掌中。當時會津藩所有武士家十五歲至十七歲的少年主動組成「白虎隊」，總計三百四十三名，全體手持武士刀或長矛與官軍的近代大炮對抗。城池陷落後，倖存的二十位小武士在戰火中逃出城門，據守飯盛山（Imoriyama）中，

こづゆ／Koduyu

鄉土料理：

こづゆ（Koduyu）、**にしんの山椒漬け**（Nishin-no-Sanshouduke）。

「Koduyu」是一種以干貝為湯頭，加入紅蘿蔔、芋頭、蒟蒻、木耳、銀杏、豆腐等食材的湯汁料理，調味料是醬油、酒，味道清淡，吃時盛在會津傳統工藝品之一的會津漆碗內。往昔是會津藩的武家料理及庶民的喜慶大餐，現在是當地人於元旦、冠婚喪祭時不可或缺的傳統鄉土料理。「Nishin-no-Sanshouduke」是山椒醃鯡魚。由於鯡魚不耐存，北國或山國地區都將去掉頭尾的鯡魚劈開曬乾以便流通市場，福島縣人正是用這種鯡魚乾與山椒葉交互重疊，再以醬油、酒、味醂、醋、砂糖醃漬成可以長期保鮮的儲存食品。

最後全體切腹自殺身亡。只有一位被救回來，「白虎隊」的存在才因此廣為人知。其他尚有由年齡五十歲以上的武家男子組成的玄武隊、十八歲至三十五歲的朱雀隊、三十六歲至四十九歲的青龍隊。

無論哪個國家民族，只要是正常社會成員，或多或少都必須與人交往，與人交往就必須花錢。應酬愈多，每個月的交際費也愈多，日本最喜歡交際的人正是福島縣人。根據統計，全國各家庭的每月平均交際費大致是一萬六千日圓，但福島縣家庭每月的交際費卻是全國平均數字的一．四倍，約二萬二千日圓，排行日本全國首位。但這並不表示福島縣人對外縣人很親切，反之，外縣人因工作關係被調到福島縣時，首先會被福島縣人的封閉性、保守性、排外性以及嚴酷的氣候風土而吃盡苦頭，之後逐漸領會當地人的深厚人情而動容，最後要離開福島縣時，又會因依依不捨而墮淚，這就是所謂的「會津三泣」諺語由來。交際費居日本全國第一，足以證明會津人很有人情味，喜歡照顧他人。

司馬遼太郎曾說過，如果問福島縣人「你是福島縣人嗎？」，對方會回你「不，我是會津人」，可見福島縣人仍保留著各種江戶時代傳承下來的固有習俗，因此外縣人起初很難融入他們的社會。然而一旦被他們接受，他們會視你為親人，萬事關懷備至。外縣人對福島縣人的印象是頑固、沉默寡言、不善應酬，這種不善應酬的人，交際費竟然居全國首位，可見他們都把錢花在「自己人」（包括被接受的外縣人）身上。另一個統計數字很有趣，福島縣人的儲蓄存款中，股票的占有率非常低，居日本全國第四十四位，或許會津人認為炒股是一種投機行為，不屑玩股票吧。此外，違反交通規則的人數比率也居全國第四十四位，違反交通規則算是輕犯罪，可見大部分的福島縣人都很老實。

にしんの山椒漬け／Nishin-no-Sanshouduke

秋田縣（あきたけん／Akitaken）

人口

約110萬

秋田縣西臨日本海，在地圖上位於青森縣下方左側，縣內有九成地區被指定為特別豪雪地帶，冬季期間的日照時間位居日本最低位。或許是日照時間少，水質優良豐富，秋田縣女子的膚色格外白皙細膩，是日本全民公認的美女產地。縣內盛產柳杉，特產是日本清酒，縣廳所在地為秋田市，與中國甘肅省蘭州市是友好城市。根據日本國土交通省的定義，二月平均積雪深度超過五十公分以上的地區為「**雪國**」（Yukiguni），若按此定義來看，日本約有百分之五十三的國土均是雪國，大部分集中在北海道和日本海沿岸地區。「**豪雪**」（Gousetsu）地帶的平均積雪深度是五十公尺以上，特別豪雪地帶則為一百五十公尺以上。

きりたんぽ鍋／Kiritanpo-Nabe

鄉土料理：

きりたんぽ鍋（Kiritanpo-Nabe）、**稲庭うどん**（Inaniwa-Udon）。

本地人氣料理：

横手焼きそば（Yokote-Yakisoba）。

「Kiritanpo」寫成漢字是「切蒲英」，將米飯搗成年糕裹在柳衫做的細籤，再用火炭烤熟，最後切成塊狀煮成火鍋。湯頭是雞湯，食材是土雞、牛蒡、舞茸（灰樹花）、蔥、水芹，調味料是醬油或味噌，是秋田縣學校營養午餐的菜譜之一。「稲庭烏龍麵」是韌性強、耐咀嚼的扁條麵，滑潤爽口，夏天可做成涼麵，冬天則煮成熱麵，一年四季都吃得到。本地人氣料理的「橫手炒麵」特色是在炒麵加個單面煎半熟的太陽蛋。

日本九世紀平安時代前期的著名女歌人小野小町（Ono-no-Komachi），不但是當時六歌仙中唯一的女子，在日本更是與中國楊貴妃、埃及艷后並稱世界三大美女的傳說嬌娘。雖然現代人無法想像當時的美人條件基準為何，不過從她留下的和歌，可以得知她確實是位具有才藻的女子。生歿年代不詳，後人甚至不知她的身世，只能從各種和歌或傳說推測她應該是宮中女官，出生於秋田縣南部湯沢市（Yuzawashi）。

俗話說自古紅顏多薄命，日本各地有不少描述小野小町後半生因花容盡失，淪為流落街頭的老婦傳

稲庭うどん／Inaniwa-Udon

きりたんぽ鍋／Kiritanpo-Nabe

說。而她確實也留下一首感嘆無情歲月的和歌：**「綿綿春雨櫻花褪，容顏不在憂思中。」**然而，事實上日本根本找不到任何能推測她生前實際形象的史料，大部分有關她的傳說均根據一本成立於平安時代中葉或末期的**《玉造小町子壯衰書》**古籍，這是一本以漢詩形式寫成的長篇敘事詩，類似白居易的〈長恨歌〉，主要內容描述平安時代女人的一生，文中沒有說明主角是小野小町，但後世日本人均將之視為「小野小町物語」。

原文開頭是**「予，行路之次，步道之間，徑邊途傍，有一女人，容貌憔悴，身體疲瘦，頭如霜蓬，膚似凍梨，骨竦筋抗，面黃齒黑，裸形無**

衣，徒跣無履，聲振而不能言，足蹇而不能步……」。女人向「予」並說自己的身世，「壯時憍謾最甚，衰日愁歎猶深，齡未及二八之員，名殆兼三千之列」，意思是她在十六歲當年即三千寵愛在一身。不但「被寵華帳之裡，不步外戶，被愛珠簾之內，無行傍門」，而且美貌得「不奈楊貴妃之花眼，不屑李夫人（漢武帝寵妃）之蓮睫」，睡的是「床鋪珊瑚，台鏤瑪瑙」，吃的是「鵝膝，熊掌兔脾……鹿髓龍腦，煮鮑煎蚌……」，其他還列出許多連我也看不懂的古代中國珍饈名稱，這段有關飲食的詩文很有趣。

由於詩中出現「熊掌」這道料理，後人在飲食書籍中時常提及小野小町也吃過熊掌這事，但真相如何，當然無法考查。總之，整首詩都在描述平安時代某美女於年輕時享盡榮華富貴生活，老來卻「肩破衣懸胸，頸壞簑纏腰，匍匐衢眼，徘徊路頭」的慘狀。

横手焼きそば／Yokote-Yakisoba

山形縣（やまがたけん／Yamagataken）

|人口|
約 **118** 萬

山形縣除了西北部臨日本海，其他三面全環坐高山，縣內有三盆地、一平原、四種方言，因此即便同為山形縣人，彼此說起各地方言時，簡直像雞同鴨講，無法溝通。或許正因為語言不通，山形縣人的縣民意識很低，地域觀念則很重，仍存在著地區歧視問題。特產是櫻桃，尤以中部東根市（Higashineshi）的高級品種「**佐藤錦**」（Satounishiki）櫻桃聞名全日本。東南部的米澤牛則與松阪牛、神戶牛並稱日本三大和牛。山田洋次（Yamada-Youji）導演的時代劇劍士電影「黃昏清兵衛」、「隱劍鬼爪」、「武士的一分」，以及滝田洋二郎（Takita-Youjirou）導演的感人電影「送行者」，拍攝背景均為山形縣。縣廳所在地山形市（Yamagatashi）與中國吉林省吉林市是友好城市。秋田、山形兩縣古名合稱「**出羽**」（Dewa），簡稱「**羽州**」（Ushu）。

どんがら汁／Dongarajiru

鄉土料理：

芋煮（Imoni）、**どんがら汁**（Dongarajiru）。

「芋煮」是將芋頭、蒟蒻、蔥、牛肉煮成「壽喜燒」（Sukiyaki）風味的火鍋。每年九月第一個星期天，山形市會在馬見崎川（Mamigasakigawa）舉行「日本第一芋煮會節」，左岸廣場用直徑六公尺的大鍋煮三萬人份的芋煮，右岸則是五千人份的豬肉芋煮，觀光客或當地居民只要買一碗三百日圓的贊助券，即能在當天去湊熱鬧現兌現吃。另外，當地自衛隊主管的防災區也會提供免費什錦飯，讓遊客飽餐一頓。

「Dongarajiru」也是火鍋，材料是鱈魚、蔥、豆腐，做法是將鱈魚的魚頭、魚鰭、肝臟、魚卵全放進鍋內，用味噌調味，有些家庭會加白蘿蔔和酒糟，是山形縣人於寒冬最愛吃的火鍋料理。「Dongara」是方言，指的是魚肉以外的魚頭、內臟之類。

日本兒童在幼稚園、小學、中學學校吃的營養午餐，日文稱為「**給食**」（Kyuushoku），某些高中也會提供給食。日本最初實施給食制度的地方行政區是山形縣鶴岡市（Tsuruokashi）。正確說來，應該是當地的各派佛教團體於明治二十二年（一八八九）協同組成忠愛協會組織，在大督寺（Daitokuji／藩主酒井家歷代墳所寺院）境內設立的私立忠愛小學，免費提供午餐給無法帶便當來學校的貧困兒童。最初的免費給食菜餚是兩個飯糰、一片烤魚、些許鹹菜，現今鶴岡市的學校於每年十二月的給食紀念日，仍會提供與一百二十餘年前同樣的午餐給學生吃。

之後，由政府補助資金，日本全國大都市的學校也開始實施給食制度。二次大

芋煮／Imoni

戰時曾一時中斷此制度，戰後第二年（一九四六）再度於東京、神奈川、千葉三地試驗性地推行給食制度。由於廣受家長好評，政府於一九五四年終於正式施行「學校給食法」，規定所有公立學校均必須提供營養午餐給學生吃。這時的給食主食是麵包、脫脂奶，五〇年代後半才改為鮮牛奶。七〇年代開始又換成以米飯為主的給食，麵包變成一週僅提供一次的副食品。平成時代的今日，給食食譜菜單比以往豐富，不但有飯後甜點和水果，而且更具國際性，連外國料理也上桌。唯一不變的是套餐托盤上一定有一瓶或一罐各式各樣品牌的鮮牛奶。

不知是不是給食制度的影響，日本人的平均身高在近五十年來增高了十公分。又根據日本文部科學省於二〇〇七年的調查結果，得知日本二十歲至二十四歲的青年平均身高是一七二・二六公分。不過，倘若跟外國比較，亞洲人仍比西方人矮了一截，經濟合作發展組織（Organization for Economic Co-operation and Development, OECD）於二〇〇九年公布的「**社會指標**」（Society at a glance 2009）資料指出，在北歐、英語圈、拉丁美洲等二十四個國家中（不包括中國、台灣），荷蘭人男子平均身高最高，是一八一・七公分，英國男子排行第十八名，美國男子排行第二十名，日本男子排行第二十三名，比韓國、葡萄牙、墨西哥男子高。

かんとうちほう

Kantou-Chihou

關東地方

栃木縣

（とちぎけん／Tochigiken）

|人口|

約201萬

栃木縣位於關東東北部，古名「下野」（Shimotsuke），簡稱「野州」（Yashuu）。東、北、西三面環山，南側連接關東平原，在關東地區是面積最大的內陸縣。旅遊資源豐富，西北部的日光國立公園，不但有那須火山帶、華嚴瀑布，更有祭祀德川家康的世界遺產日光東照宮，以及中禪寺湖、鬼怒川溫泉、日光江戶村等等。由於交通便利，有東北新幹線和東北高速公路，通達四面八方，是關東人的避暑勝地。栃木縣的中國友好省縣是浙江省，但縣廳所在地宇都宮市（Utsunomiyashi）的友好城市則是黑龍江省齊齊哈爾市。

宇都宮餃子／Utsumiya-Gyouza

鄉土料理：

しもつかれ（Shimotsukare）、**ちたけそば**（Chitake-Soba）。

本地人氣料理：

宇都宮餃子（Utsumiya-Gyouza）。

「Shimotsukare」雖是栃木縣鄉土料理代表之一，卻因是母系代代相傳的家庭料理，因此每家味道都不同，即便同鄉人也不見得能接受別人家的口味。食材是鹹鮭魚魚頭、炒熟的黃豆、蘿蔔泥、紅蘿蔔，調味是酒糟。由於看上去不太美觀，而且具有獨特氣味及味道，喜歡的人很喜歡，無法接納的人可能連一口也吃不下。「Chitake」是乳茸，吃起來乾巴巴的，撕裂蕈傘會滲出白色乳液，正是此乳液可以做出美味湯頭，在日本與松茸並列為食用蕈中的極品。把乳茸和茄子一起炒熟，加入日式湯頭和醬油、味醂做成麵湯，便成為「Chitake-Soba」，翻成中文是「乳茸蕎麥麵」。

至於本地人氣料理的宇都宮餃子則聞名全日本，宇都宮市內有二百多家大大小小的餃子店，有水餃、煎餃、炸餃、湯餃……無所不有，一盤頂多二百日圓，兩袖清風的窮學生也吃得起。

日本的餃子是傳自中國的舶來品，在中國是北方人的民間主食和地方小吃，亦是年節料理。清代（一七九二）詩人袁枚著的《**隨園食單**》便描述：「顛不棱，即肉餃也。麵糊攤開，裹肉為餡蒸之。其討好處，全在作餡得法，不過肉嫩、去筋、加作料而已。余到廣東，吃官鎮台顛不棱，甚佳。中用肉皮煨膏為餡，故覺軟美。」唐朝段成式《**酉陽雜俎**》書中也有「籠上牢丸」、「湯中牢丸」之詞，「籠上牢丸」是蒸餃，「湯中牢丸」為水餃。總之，據說餃子在中國已有一千八百年歷史。

那麼，餃子到底於何時傳至日本？據說最初出現於江戶時代一七七八年出版的中國料理書籍《**卓子調烹法**》中，其後，一七八四年出版的《**卓子式**》中國料理書也介紹了「扁食」一詞。但餃子在當時無法普及民間，直至明治時代，仍只限東京神田附近有幾家餃子館而已。二次大

しもつかれ／Shimotsukare

ちたけ／Chitake

戰前後，眾多日本人或日本兵在中國東北方與正宗中國餃子相遇，戰後因食糧不足，某些人開始在路邊賣起於滿州學會的餃子，眨眼間，廉價又富營養的餃子便流傳民間。當初由於豬肉價格昂貴，餃子餡多用羊肉，而為了消除羊肉膻味，日本餃子才習慣在餡內加入韭菜、大蒜。此外，餃子在中國是主食，皮厚餡少；但日本的主食是米飯，因此做出皮薄餡多的煎餃，以便當菜餚配飯吃。

宇都宮餃子會成為日本最有名的餃子，據說起初是駐紮滿州的日本陸軍第十四師團中，有宇都宮出生的軍人於戰後回老家時，在車站前開了餃子路邊攤。一九九〇年，宇都宮市政府的公務員發現日本總務省家計調查統計項目中，宇都宮市的家庭年間餃子消費額居全國第一，於是開始製作市內餃子店指南地圖，並設立宇都宮餃子公會，向全國進行宣傳。在此之前，栃木縣的人氣觀光地區都集中在日光、那須，宇都宮只是路過點而已，結果由市政府主導的宣傳手法奏效，如今日本人只要提到「餃子」，都會聯想到宇都宮。目前宇都宮市內有二百多家餃子店。附帶一提，年間餃子消費額居日本全國第二位的是靜岡市，第三位是京都市。

ちたけうどん／Chitake-Udon

茨城縣
（いばらきけん／Ibarakiken）

｜人口｜
約**296**萬

茨城縣位於栃木縣右下方，古名「**常陸**」（Hitachi），簡稱「**常州**」（Joushu）。東臨太平洋，坐落關東平原東北部，南部有水鄉筑波（Tsukuba）國立公園，公園內有僅次於琵琶湖的日本第二大湖「**霞ヶ浦**」（Kasumigaura），與標高八七七公尺的筑波山（Tsukubasan），亦有歷史悠久的神社、寺院。筑波研究學園都市是基於國策而建設的科學工業園區，聚集了約三百家研究機關與企業，研究員多達一萬三千人，其中博士學位者約五千多人。我去過筑波研究學園，留下深刻印象，記得巴士一駛進大門，彷彿闖入歐州某個城市般，景觀與日本其他城市截然不同，既工整又綠意盎然，馬路很寬，行人很少，是典型的田園都市。縣廳所在地水戶市（Mitoshi）有以梅花著名的日本庭園「**偕樂園**」（Kairakuen），與岡山市的「**後樂園**」（Kourakuen）、金澤市的「**兼六園**」（Kenrokuen）並稱日本三名園。水戶市的中國友好城市是重慶市。

そぼろ納豆／Soboro-Nattou

鄉土料理：

あんこう料理（Ankou-Ryouri）、**そぼろ納豆**（Soboro-Nattou）。

「Ankou」是鮟鱇魚，中文別稱琵琶魚、老人魚等等。日本有句慣用語：「東鮟鱇，西河豚。」表示關東人特別愛吃鮟鱇料理，關西人則以河豚料理為重。鮟鱇魚肉緊實，纖維彈性十足，富有膠原蛋白，鮟鱇魚肝更是天然珍品，有「海底鵝肝」之稱。做法多種多樣，但普遍以火鍋為主，吃完火鍋後，剩下的湯汁再放入米飯熬成粥，最後淋上打碎的雞蛋做成蛋花粥，撒上蔥花或香菜，非常好吃。「Soboro-Nattou」是用切碎的納豆和乾蘿蔔絲攪和一起，再用醬油調味，可以當下酒菜也可以拌飯吃。納豆是日本傳統黃豆發酵食品，歷史已逾千年，黏性很強，營養豐富，在日式早餐中很常見。

日本的傳統早餐是米飯、納豆、鹹菜、海苔（紫菜）、味噌湯，其中納豆又以茨城縣水戶市生產的水戶納豆最有名。關東地區以北的日本人，一提到納豆，必定會想起黏稠牽絲、可以拌飯的納豆；但關西人比較不習慣吃這種牽絲納豆，他們習慣吃另一種乾燥鹹納豆，即中國的豆豉。有關豆豉，中國古籍**《漢書》**、**《史記》**、**《齊民要術》**、**《本草綱目》**等都有記載，製法大約在日本奈良時代（中國唐代）時傳入日本。平安時代中期十一世紀初成書的風俗飲食書籍**《新猿樂記》**（Shinsarugouki）中便出現了「納豆」一詞，此處記載的納豆很可能是豆豉。

至於黏稠牽絲納豆到底於何時、何人發明的？根據秋田縣橫手市金澤公園內的「納豆發祥地」石碑說明，是平安時代後

あんこう料理／Ankou-Ryouri

期一〇八三至一〇八七年的「**後三年之役**」（Gosamen-no-Eki）時，農民獻出裝在稻草包內的煮熟黃豆，擱了幾天，黃豆竟然發酵牽絲，而且散發香味，士兵試吃後，驚訝其美味，轉告農民，當地農民才開始製作牽絲納豆。簡單說來，牽絲納豆完全是偶然的產物。而十五世紀成書的《**精進魚類物語**》（Shoujin-Gyorui-Monogatari）中，明確出現了用稻草包裹的黏稠牽絲納豆之描述，如此看來，日本人食用牽絲納豆的歷史已將近千年了。

水戶納豆會成為名牌的原因，在於當地的風土氣候。那一帶時常遭水災，農民無法種稻，只能在貧瘠田地、沙地、山地種植耐水的小粒大豆品種，而且水戶農民辛辛苦苦種植出的小粒大豆，不但無法製作豆腐、味噌，也無法加工成醬油，只能做成牽絲納豆。由此也可以想像，納豆本為貧窮農村或山村的重要食品。明治三十八年（一九〇五），東京農科大學（東京大學農學部）教授澤村真（Sawamura-Makoto）博士發現了納豆菌（桿菌），之後大正九年（一九一九），北海道大學的半澤洵（Hanzawa-Jun）博士又開發出改良式納豆製造法後，納豆才出現在日本人的日常餐桌上。

然而，茨城縣的納豆產量雖然位居日本全國第一，消費量占全國首位的卻是福島縣福島市，其次才是茨城縣水戶市，接著依次是青森縣青森市、岩手縣盛岡市、群馬縣前橋市，最低位是和歌山縣和歌山市，其次是大阪市、高知縣高知市、兵庫縣神戶市、岡山縣岡山市。看來關西人果然比較不喜歡吃納豆。

群馬縣（ぐんまけん／Gunmaken）

｜人口｜

約**201**萬

群馬縣位於栃木縣左鄰，古名「**上野**」（Kouzuke），簡稱「**上州**」（Joushuu）。縣內三分之二均為山地，甚至有海拔超過二千公尺的山脈，總人口中有七成左右都集中在緊鄰埼玉縣的南部，在海洋國家日本中是少數的八個內陸縣之一。日本最有名的溫泉鄉正是群馬縣**草津溫泉**（Kusatsu-Onsen）和**伊香保溫泉**（Ikaho-Onsen）。群馬縣雖然歸屬首都圈，但縣民政治意識極為保守，別稱「保守王國」，是自由民主黨的勢力中樞，戰後出現四位首相，僅次於出現五位首相的山口縣。轟動全日本的電影「ALWAYS 三丁目的夕陽」拍攝地點也在群馬縣館林市（Tatebayashishi）建設的外景布景。縣廳所在地是前橋市（Maebashishi）。

生芋こんにゃく料理／Namaimo-Konnyaku-Ryouri

鄉土料理：

おっきりこみ（Okkirikomi）、**生芋こんにゃく料理**（Namaimo-KonNyaku-Ryouri）。

本地人氣料理：

焼きまんじゅう（Yakimanjuu）。

「Okkirikomi」是將燴麵與根菜類、芋頭煮成濃稠湯頭的家庭小吃，調味是味噌或醬油，與山梨縣的「Houtou」類似。不過「Houtou」主要配料是南瓜，「Okkirikomi」則是芋頭。「KonNyaku」是蒟蒻，群馬縣的蒟蒻產量占全日本的九成，自古以來便有各式各樣的做法，但一般蒟蒻均用蒟蒻粉製成，群馬縣的蒟蒻料理是直接用地下球莖製成，彈性、風味、嚼勁均與一般蒟蒻不同。

本地人氣料理的「Yakimanjuu」是烤饅頭，此饅頭非一般饅頭，而是在麵粉內混入濁酒，利用濁酒酒麴使其發酵，再揉成丸子狀，串在竹籤，最後蘸用黑糖或飴糖拌味噌的甜佐料以火炭烤熟。

大部分的日本女性都知道蒟蒻是最佳減肥、通便食品之一，而日本的蒟蒻料理方式也五花八門，應有盡有，連蒟蒻果凍都有。蒟蒻的原料是蒟蒻芋，日本在**繩文時代**（Joumon-Jidai）中期（相當於世界史的中石器時代）便有土生土長的蒟蒻芋，只是當時的人們不知該如何利用蒟蒻芋，直至六世紀左右，朝鮮半島三國時代的百濟國人將蒟蒻芋帶進日本，日本人才知道蒟蒻芋可以當藥材。之後一直自中國進口蒟蒻芋藥材，後來才發現日本國內本來就有土生土長的蒟蒻芋。

江戶時代一六九五年刊行的本草書《**本朝食鑑**》（Honchou-Shokkan）中記載，京都丸山寺的蒟蒻料理最美味，文中並詳細說明該如何製作蒟蒻，但也記載了蒟蒻並非美食，而是當做糖尿病、腫瘡的藥材，且呼籲患羊癲瘋的病患不能吃蒟蒻。《**本朝食鑑**》原文是漢文，有關蒟蒻的記載如下：「春生苗，至五月移之。長一、二尺，與天南星苗相似。但多斑點，秋開紫花結子。宿根亦生苗，經二年者根大如椀及芋魁。外黑、內白、有理。味戟人咽，亦痲舌。秋後採根，浸

生芋こんにゃく料理／Namaimo-Konnyaku-Ryouri

焼きまんじゅう／Yakimanju

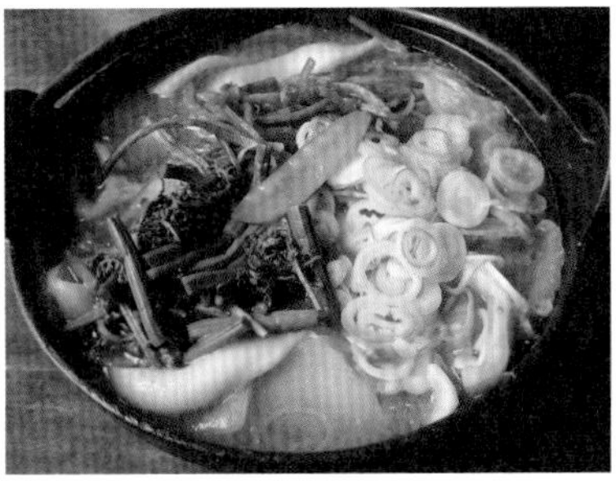

おっきりこみ／Okkirikomi

水以繩子擦去外黑皮，而洗淨細搗碎作餅。以釃灰汁煮十余沸，以水淘洗，換水煮五、六遍，成凍子。用時復煮湯四、五沸，去惡汁而食。或與早稻草同煮數沸，則作水樣，而味佳。京師丸山寺僧造之最稱美味。江都以總州鍋山之產為佳。又有左倉之產，色黑而略粗。謂初以灰汁煮時入石灰少許，則然。其味亦殊而不足為佳也。氣味甘、冷、有小毒。主治消渴、癰腫，然不可多食。若患痼症者可忌之。」

由於當時的日本禪寺和尚經常研究蒟蒻料理做法，因此日本的蒟蒻料理應該說是由禪寺和尚發展出的。至於發明出蒟蒻粉的人則為江戶時代水戶藩（茨城縣）農民中島藤右衛門（Nakajima-Touemon／一七四五～一八二五），他在一七七六年發現乾燥蒟蒻芋不會腐爛，於是把蒟蒻芋切成圓片再曬乾磨成粉，自此，蒟蒻便成為日本全國性食品之一，由於功績非常大，藩主才賜予他「中島」姓氏，並允許他佩刀。當時腰上可以佩刀的庶民或農民，社會地位同武士階級的藩士差不多。

我也很喜歡吃關東煮的蒟蒻或蘸甜味噌的蒟蒻，不過，倘若有哆啦A夢的道具「翻譯蒟蒻」（Honyaku-KonNyaku），食用後可以與不同語言者談話，不知該有多好，那我便可以每天與我家五個貓少爺嘰嘰咕咕聊個不停了。

埼玉縣
（さいたまけん／Saitamaken）

人口
約716萬

埼玉縣也是內陸縣之一，夾在群馬縣與東京都之間，往昔與東京、神奈川縣東部並稱「**武藏**」（Musashi），簡稱「**武州**」（Bushuu），總人口與縣內總產值均居日本第五位，人口密度居第四位。由於北部多農地，西部多山，縣內河川數居日本第一，因此人口都聚集在緊鄰東京的南部。埼玉縣四季分明，冬季乾燥頻吹西北風，夏季多雨悶熱如火籠，天然雜樹林和溪谷美景很多。宮崎駿（Miyazaki-Hayao）導演的動畫電影「龍貓」（Totoro）背景正是我住的所沢市（Tokorozawashi），宮崎駿本人也住在所沢市，市內也有日本職棒西武獅隊的主球場西武巨蛋。西南部川越市（Kawagoeshi）有「小江戶」之稱，由於沒遭受戰禍，市內留有眾多江戶時代的建築物和寺院，年觀光客約有六百萬人。

燒き鳥／Yakitori

鄉土料理：

冷汁うどん（Hiyashiru-Udon）、**いが饅頭**（Iga-Manjuu）。

本地人氣料理：

焼き鳥（Yakitori）。

「Hiyashiru-Udon」是涼烏龍麵，特色是吃麵時蘸的湯汁，一般涼麵蘸的是柴魚醬油，但埼玉縣的涼麵蘸的是先將芝麻、味噌、少量砂糖用擂缽磨碎，再加入日式湯頭，最後放入紫蘇絲、黃瓜絲、蘘荷絲等的湯汁，是埼玉縣農家自古以來的傳統夏季午餐。「Iga-Manjuu」是一種外層裹赤飯（Sekihan／紅豆飯）的豆沙包甜點。日文的「饅頭」通常指豆沙包，而非中國常見的那種白饅頭。本地人氣料理的「Yakitori」並非一般烤雞肉串，而是烤豬頭肉串，蘸的味噌佐料含有十餘種香辛料，味道獨特，我個人也很喜歡吃這種烤豬頭肉串。

西部秩父（Chichibu）地區有國家指定名勝**長瀞**（Nagatoro）溪谷、**岩疊**（Iwadatami）、赤壁，另有與**京都祇園祭**（Gion-Matsuri）、**岐阜縣飛驒**（Hida）**高山祭**（Takayama-Matsuri）並稱日本三大美祭的「**秩父夜祭**」（Chichibu-Yomatsuri）。此外，由於秩父是盆地，日照時間少，皮膚白皙的女子多，向來與「秋田美人」一樣通稱「秩父美人」。縣廳所在地埼玉市（Saitamashi）與中國河南省鄭州市是友好城市，我正是由於這層關係，於一九八六年前往鄭州大學當了兩年帶著兩個兒子一起留學的特殊留學生。

いが饅頭／Igamanju

日本最普遍也最庶民性的麵條是「きつねうどん／Kitsune-Udon」（狐烏龍麵）跟「たぬきそば／Tanuki-Soba」（狸蕎麥麵）。前者取名「狐」據說是因狐愛吃油炸豆腐皮，而狐烏龍麵的配料正是油炸豆腐皮。然而，狸蕎麥麵的配料是小小圓圓的天麩羅油渣，這跟狸有何關係？

問題一旦萌生，我就無法安眠，照例向日本 Google 求助。查詢結果得知，原來是形容沒有料的天麩羅油渣一詞「たねぬき／Tanenuki／無種之意」，縮短發音變成「たぬき／Tanuki」，就成為現在的「狸蕎麥麵」。這完全是發音問題，跟真正的狸毫無牽連。有趣的是大阪人的說法，他們認為烏龍麵變成灰色的蕎麥麵，而狸很會騙人，所以才叫「狸麵」。

大阪人之所以如此說，有大阪人的根據。關西人本來就習慣吃烏龍麵，而關東人一提到「麵」，就必定是蕎麥麵。因此大阪人口中的「狸麵」是油炸豆腐皮的蕎麥麵，不是關東方面的油渣蕎麥麵。而同樣是關西地域的京都，提起「狸麵」，竟然是油炸豆腐皮的勾芡烏龍麵。不僅如此，繼續查下去，我發現日本各地的「狐麵」和「狸麵」不但配料不同，連麵也不同，真是百花齊放，阿狐阿狸都有。可無論狐麵或狸麵，我都比較喜歡吃東洋水產公司名牌「マルちゃん／Maruchan」的「紅狐烏龍麵」（包裝是紅色的）。雖是泡麵，而我平常又罕得吃泡麵，只有「紅狐烏龍麵」百吃不厭。因為「紅狐烏龍麵」的麵條是扁麵條，我向來都比較喜歡吃類似中國燴麵的扁麵條。

只是，據說關東地區和關西地區的「紅狐烏龍麵」，兩者味道也不同。關東地區是味道比較濃的醬油味，關西地區則類似清湯。外型包裝一樣，只是容器側面的說明有「E」（East）與「W」（West）之分。看來在口味上，德川家康與豐臣家的「關之原合戰」還沒結束。因為這種口味分界點正是「**關之原**」（Sekigahara）。在太平洋這方，三重縣以東是「關東味」；在日本海那側，則是富山縣以西為「關西味」。

不過，即便日本各地的「狐麵」與「狸麵」形形色色，我想，對昔日的日本人來說，狐與狸這兩種動物，一定跟現代日本人家中的寵物貓狗一樣，不分彼此。實際上，我家附近的雜樹林中仍棲息著狸，有幾家鄰居都親眼看過狸出現在他們家院子，令我羨慕得很，可惜直至今日，狸仍未出現在我家院子。

冷汁うどん／Hiyashiru-Udon

千葉縣

（ちばけん／Chibaken）

｜人口｜

約617萬

千葉縣大部分是突出於太平洋的房總半島（Bousou-Hantou），三面環海，總人口居日本第六位，但面積比東京都和神奈川縣加起來還要大，日本人通稱千葉縣為「**房總**」（Bousou）。縣內不但有全世界最賺錢的東京迪斯尼樂園，另有千年古蹟成田山新勝寺（Naritasan-Shinshouji），成田國際機場也在此。幕張（Makuhari）國際展覽中心的規模僅次於東京國際展示場，一九九七年開通了結合九．九公里長的海底隧道和四．四公里長的東京灣Aqua-Line後，已可以與神奈川縣川崎市（Kawasakishi）直通。縣廳所在地千葉市（Chibashi）與中國天津市、江蘇省吳江市是友好城市。往昔分為三國，古名各為「**上總**」（Kazusa）、「**下總**」（Shimofusa）、「**安房**」（Awa），前兩者簡稱「**總州**」（Soushu），後者簡稱「**房州**」（Boushu）。

イワシのごま漬け／Iwashi-no-Gomaduke

鄉土料理：

太卷き壽司（Futomakizushi）、**イワシのごま漬け**（Iwashi-no-Gomaduke）。

千葉縣的太卷壽司很特殊，用各種配料捲成花草、動物、文字、鳥類等模樣，看上去極為華麗，本來只限眾多人共聚一堂的冠婚喪祭時才送上餐桌，現在已成為縣內小學、中學烹飪課必修課程之一。「Iwashi-no-Gomaduke」則是九十九里（Kujuukuri）地區的傳統家庭料理，食材是十至二十公分長的沙丁魚，先將沙丁魚鹽醃後，再放入大量黑芝麻、薑、香橙、辣椒，浸於食醋中，兩三天後即可上桌。這道小菜在其他縣市的超市也很常見，適合當下酒菜。

房總有三大著名食品，醬油、米果、落花生。醬油的起源到底是中國亦或日本，長久以來，兩國之間的學者似乎各有見解，意見不一，有人認為醬油製法是隨著鑑真（六八八～七六三）東渡傳入日本，有人則堅持醬油起源於日本，後隨遣唐使傳入中國。根據我個人的考查結果，目前只知道中國歷史上最早使用「醬油」一詞是南宋（一一二七～一二七九）食譜《**山家清供**》，而日本的最早紀錄則為八世紀初成立的《**大寶律令**》（Taihou-Ritsuryou），其中記載了醬院制度，並說明醬是高級官吏的俸祿之一。八世紀的奈良時代，光是出土的木簡中便記載了十四種醬製法，而且有「市醬」這個詞，在平城京內似乎很普及。不過，當時的「醬」到底是醬油還是其他醬，則不得而知。總之，六世紀中葉成書的中國古農書《**齊民要術**》中已

太巻き壽司／Futomakizushi

記載了類似現代醬油的製法，而日本是十世紀初的《**延喜式**》（Engishiki）中有用大豆製作醬油的記載，至於日本最早出現「醬油」這名稱的古籍則為十六世紀初刊行的國語辭典《**節用集**》（Setsuyoushuu）。

千葉縣會成為醬油名產地之因，在於德川家康成立江戶幕府不久的一六一六年，千葉縣銚子市（Choushishi）富農田中玄蕃（Tanaka-Genba）開創了醬油釀造廠，接著是同市的濱口儀兵衛（Hamaguchi-Gihee）也於一六四五年創業醬油釀造廠，之後，前者改名為現代的名牌醬油「**Higeta**」，後者則為「**Yamasa**」。目前這兩家醬油廠商的繼承者均為濱口家子孫。另一家設立於一九一七年的日本名牌醬油廠商「**Kikkoman**」，總社也在千葉縣野田市（Nodashi），雖是後起之秀，但日本市場占有率達百分之三十，全世界市場占有率更高達百分之五十，尤其在美國非常有名，全美市場占有率達百分之五十五，大部分美國人都將「**Kikkoman**」視為「**Japanese Soy Sauce**」的代名詞。

房總米果會成為名牌之因在於千葉縣有創建於九四〇年的真言密教大本山成田山新勝寺，簡稱「成田山」，參拜者都會買當地的米果回家當土產。又根據日本總務省的統計，千葉縣人的年間米果消費量居日本全國第一，其次是茨城縣、栃木縣、岩手縣。落花生產地則為北部八街市（Yachimatashi）最有名，產量居全日本第一。

東京都

（とうきょうと／Toukyouto）

｜人口｜
約 **1300** 萬

東京都總面積不大，僅有二一八七平方公里，居日本倒數第三位，都內有二十三區、二十六市、五町、八村，人口密度居日本第一。狹義上的日本首都「東京」指的是東部二十三區，俗稱「**都內**」（Tonai），面積約六二二平方公里，實際居民約九百萬，若把來自千葉、埼玉、神奈川三縣的周邊城市上班族也算進去，白天人口會增至一千一百多萬，是全球最富有的國際大都市，亦是亞洲金融、貿易中心，與中國北京市是友好城市。東京也是日本的教育文化中心，有一九〇所以上的大學，一百多座博物館。西部多摩（Tama）地區則為自然寶庫，有茂密森林和山峰溪谷，景色優美，其他另有眾多島嶼。

深川丼／Fukagawadon

鄉土料理：

深川丼（Fukagawadon）、**くさや**（Kusaya）。

本地人氣料理：

もんじゃ焼き（Monjayaki）。

「深川丼」是用蛤仔、文蛤等貝類，加入油豆腐、蔥、紅蘿蔔等蔬菜煮成味噌湯後，直接澆在白飯上的蓋飯。本來是江戶時代深川地區漁夫發明的現煮現吃速成料理，深受當時的庶民喜愛，另一種是以同樣食材和白米一起入鍋煮熟的「深川飯」，但兩者在現代已無區別，通稱「深川丼」。

「Kusaya」是魚乾，歷史已有四百多年，是東京都新島村（Niijimamura）的特產。新島村位於東京南部一百六十公里遠的太平洋海面，由兩座有人島和三座無人島組成，目前人口僅有三千左右。由於江戶時代的島民交納給幕府的貢賦是鹽，對島民來說，鹽是珍貴調味料，於是島民只得反覆使用醃漬鮮魚後的殘餘鹽水，如此魚肉成分便會累積在木桶的鹽水中，加上微生物作用，最後發酵為類似魚露的醬液。烤「Kusaya」魚乾時，會發出獨特的強烈臭味，這跟中國的臭豆腐或東南亞的榴槤一樣，有人很喜歡，有人卻受不了那種味道。本地人氣料理則為「**文字燒**」（Monjayaki），是江戶人發明出的小吃，本來只是把和水的麵粉擱在鐵板上邊畫圈圈邊烤邊吃，現在通常會加入碎甘藍、蔥花和其他調味料，特色是水分很多。

東京是日本天皇皇居所在地，皇居位於千代田區，皇太子居所**東宮御所**（Tougu-Gosho）則位於港區元赤坂二丁目。元赤坂二丁目是皇室專用占地，稱為「赤坂御用地」，除了東宮御所，另有皇太子的弟弟**秋篠宮**（Akishino-no-Miya）**邸**、大正天皇第四皇子三**笠宮**（Mikasa-no-Miya）**邸**、三笠宮崇仁（Takahito）親王長男**寬仁**（Tomohito）**親王邸**，以及三**笠宮三男高円宮**（Takamado-no-Miya）**邸**。無論皇居或赤坂御用地，均為國有資產，基本上禁止一般人隨意進出。

由於是禁地，庶民身分的我只能從媒體得知有關天皇家或皇太子家的部分私生活報導，因此不免會心生好奇：天皇家和皇太子家的餐桌到底有些什麼山珍海味？用的是什麼碗盤筷子？是不是跟往昔的德川將軍家或各地藩主家一樣，也有專門試毒的工作人員？

もんじゃ焼き／Monjayaki

後來才知道，天皇家和皇太子家的三餐其實簡樸得會令某些貪戀鮮衣美食的人汗顏。例如天皇夫妻，八點半吃的早餐通常是西式，主要是燕麥片和麵包，正午的午餐和下午六點的晚餐則分別為西餐、和食，總之，三餐中有一頓必定是日本料理的和食。和食也非一般庶民可以在高級旅館所吃的那種有十幾盤菜的精緻懷石料理套餐，就內容來說，簡直跟退休後靠養老金過活的清貧老夫妻吃的晚餐沒兩樣。

在此實際舉兩份菜單給大家看看，一餐是什錦湯（香菇、鵪鶉蛋、豆莢、嫩雞肉、竹筍）、麥飯、鹽烤秋刀魚、碎肉煎蛋、涼拌蔬菜、奈良漬胡瓜，另一餐是青花魚塊湯、麥飯、油炸石鰈、炒豬肝（豬肝、青椒、竹筍、香菇）、紅燒昆布白豆、奈良漬瓜。這種食譜跟一般家庭差不多，甚至更清淡簡陋。而且炒豬肝、油炸石鰈算是中國菜，換句話說，和食中也包括了中國菜，但負責皇室三餐的國家公務員「**大膳課**（Daizenka）**廚司**（Chuushi）」中沒有專門負責烹調中國菜的「**技官**」（Gikan，意指掌管土木、建築、機械、醫療、烹調等技術系的國家公務員），因此中國菜亦由和食技官負責。

與一般庶民家庭相異之處是每餐都要做五、六人份，天皇和皇后占去兩份，檢查營養成分的御醫占一份，剩下的是以防萬一的備份，和天皇或皇后想再添一碗或一盤時的添份。站在大膳技官的立場來看，他們必須在固定的伙食費中費盡心思做出讓陛下夫妻倆吃得適口開心的三餐（況且陛下夫妻不能隨意要求想吃什麼菜），這跟每個月拿固定薪資的上班族家庭專業主婦無異，專業主婦也是要在固定伙食費中絞盡腦汁做出能讓一家人吃得開開心心的三餐。難怪每個進入宮內廳大膳課的廚師最初都會倍感失望，以為只要進宮便可以學到各種豪華料理做法，奇怪的是，他們最後都會領悟出一個道理——粗茶淡飯才是真正考驗廚師技藝的料理。

此外，天皇和皇后用的筷子也非金銀象牙筷，而是一般庶民在元旦時用的「**柳箸**」（請參照《字解日本：十二歲時》），也就是衛生筷。不過，筷子並非用過一次就丟棄，至少都用兩、三次，直至筷尖染上顏色才轉讓給廚師當烹飪時的公筷，算是環保運動之一的廢棄物再利用。餐具也是一般市面上賣的碗盤，跟普通家庭一樣，當然也沒有歷史電影或電視劇中常見的試毒人員。至於在迎賓館招待國賓時的晚宴，或每年春秋兩季在赤坂御苑舉行的「**園遊會**」（Enyuukai），則另當別論。

くさや／Kusaya

神奈川縣（かながわけん／Kanagawaken）

人口

約900萬

神奈川縣位於東京南部，古名「**相模**」（Sagami），簡稱「**相州**」（Soushu）。東京灣西岸的縣廳所在地橫濱市（Yokohamashi）是日本第二大城市，亦是日本規模最大的國際港口，與中國上海市是友好城市，與上海港、大連港則為友好港。三浦半島（Miura-Hantou）西部的鎌倉市（Kamakurashi）是僅次於京都、奈良的古都，有眾多神社寺院。相模灣（Sagamiwan）沿岸通稱湘南（Shounan），是日本年輕人憧憬的海上活動據點。箱根（Hakone）那一帶更是全球著名的溫泉旅遊勝地，而箱根的入口小田原（Odawara）也是座古城小鎮。

庶民派歷史、時代小說家山本周五郎（Yamamoto-Shugorou／一九〇三～一九六七）生於山梨縣，四歲時，因故鄉遇水災滅村而遷居東京，七歲時再度搬到橫濱。小學畢業後即前往東京銀座山本周五郎當舖當住宿學徒，二十歲時，當舖因關東大地震而解體，

かんこ焼き／Kankoyaki

鄉土料理：

へらへら団子（Herahera-Dango）、**かんこ焼き**（Kankoyaki）。

本地人氣料理：

橫須賀海軍カレー（Yokosuka-Kaigun-Kare-）。

「Herahera-Dango」是一種將麵粉和糯米粉混合做成扁丸子，再蘸上紅豆泥的甜點，原為橫須賀市（Yokosukashi）佐島（Sajima）於每年七月舉行船祭時供神的傳統料理，但在某些地區則為農家傳統茶點。「Kankoyaki」是用麵粉皮裹山菜、菇類、栗子煎成的圓餅。至於本地人氣料理的「橫須賀海軍咖喱」，是因為日式咖哩原為日本海軍伙食，現代日本海上自衛隊各部署也習慣在每個星期五吃海軍咖哩，據說各艦艇、部署均有獨自的祕傳配方，各部隊的咖哩味道也不一樣。但對陸軍來說，咖哩的獨特香味很可能洩露軍隊野營地所在，所以除了橫須賀市內的陸上自衛隊於每個星期三有吃咖哩的習慣外，日本陸軍食譜中罕見有咖哩這道伙食。

之後在關西當過報社記者、雜誌編輯等等，二十三歲時於《**文藝春秋**》發表處女作，登上日本文壇末座。三十歲之前，為了養家，曾用多數筆名寫過無數娛樂小說，四十歲時雖獲得直木賞，卻辭退不接受獎賞，是直木賞史上唯一謝絕領獎的作家，據說原因在於他跟文藝春秋社社長兼直木賞創辦人的菊池寬（Kikuchi-Kan）交情不好。四十歲過後才成為流行作家，但山本周五郎卻說：「**五十歲之前的作家，寫不出傑作**。」他說得沒錯，他的代表作《**殘留的樅樹**》正是自五十一歲寫到五十五歲的大作，而另一部看似虛構小說，實則親身經歷，背景是迪斯尼樂園還未成立之前的浦安市某漁村故事《**青舢板物語**》，則為他五十七歲時的作品。

山本周五郎生前不喜交際應酬、個性孤僻，你說東，他會故意說西，跟他筆下的市井小民悲歡離合故事主角完全兩樣，不但辭退各種文學獎，連天皇舉辦的園遊會也拒絕參加。可能是小時候生活貧苦，吃得不好，因此他對飲食極為執著，經常吃上等牛肉，喝高級紅酒，倘若菜做得不合口味，他寧願餓肚子也會丟棄全部菜餚，致使山本夫人於丈夫過世後曾緬懷說：「**我不想再跟男人共同生活了。世上可能有不少凡事挑剔的男人，但絕對比不上我丈夫。**」

現實世界中的山本周五郎過著暴飲暴食的生活，卻以哀愁靜謐的文筆寫出許多社會底層貧苦小人物的故事。由於他生前很挑食，是以經常親自下廚，創出一些古怪料理，甚至還斷言「無法做出幾道獨創料理的人，沒資格當作家」。只是，他的獨創料理跟他的個性類似，會令人望而卻步，例如在清湯內混入咖啡，或在味噌湯內加入咖哩粉。只有一道料理令我覺得還不錯，就是把小黃瓜去掉頭尾切半，中間挖空，再塞入事先用鹽、胡椒、酒、麵粉、絞肉和成的豬肉餡，最後用高湯煮熟，這跟我小時候在台灣很愛吃的苦瓜封肉清湯類似，但還是不及塵封在我的味蕾記憶網中的味道。

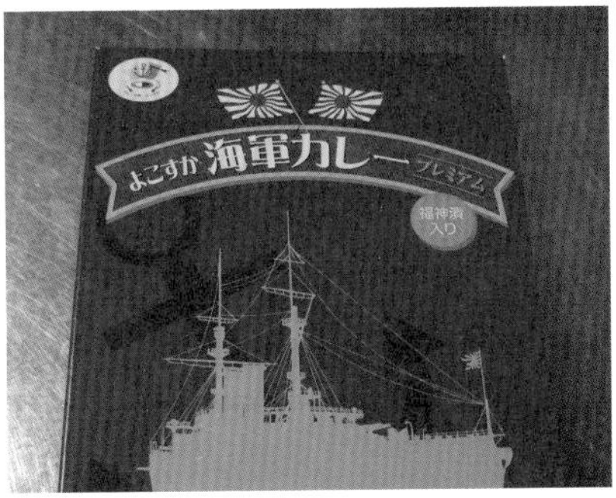

橫須賀海軍カレー／Yokosuka-Kaigun-Kare-

へらへら団子／Herahera-Dango

ちゅうぶちほう
Chuubu-Chihou

中部地方

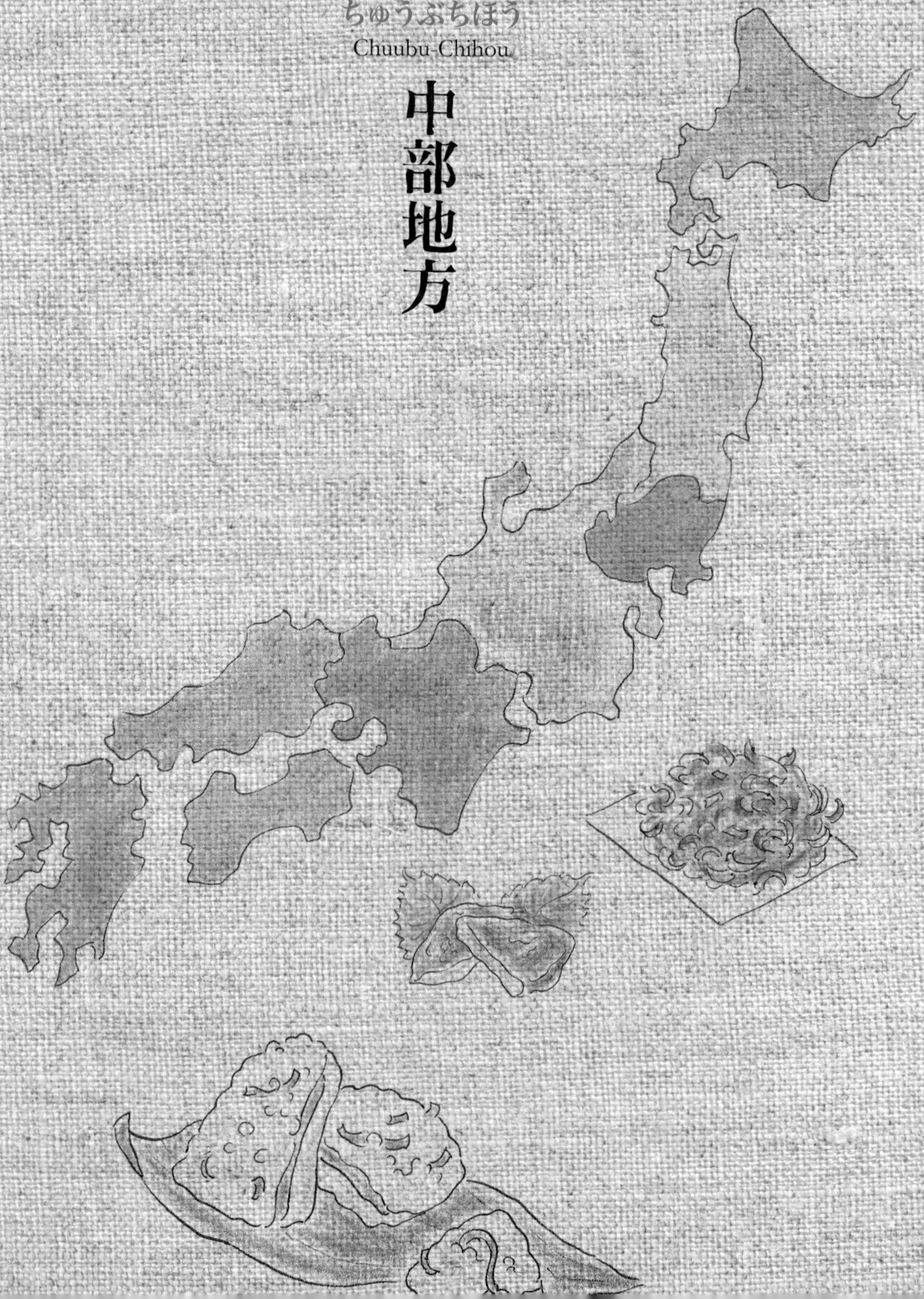

新潟縣

（にいがたけん／Niigataken）

人口

約239萬

新潟縣古名「**越佐**」（Essa），包括越後（Echigo）和佐渡（Sado），西側是長蛇般的海岸線，東邊鄰接五縣，縣內有眾多河川和肥沃平原，並有佐渡島、粟島二孤島。四季寒暑變化劇烈，冬天積雪量高達三公尺以上，是名副其實的雪國。這些積雪融化後滲入大地，再化為泉水滋潤稻米蔬菜，或流入大海哺育魚鮮，透過大自然的良性環流令新潟縣農漁兼豐。此外，金屬加工品產量也相當可觀，光是食器產量便占日本國內生產總額的九成，其他剪刀、菜刀之類的金屬工具產量則僅次於大阪，位居全日本第二位。摩托車儀表的國內市場占有率約九成，全球市場占有率則為三成左右。編織品產量居日本全國第一，神社數量也居日本首位。

一般日本人通稱壽司醋飯為「**壽司飯**」（Sushi-Meshi），但壽司店有各種壽司專用詞，例

笹壽司／Sasazushi

鄉土料理：

のっぺい汁（Noppeijiru）、**笹壽司**（Sasazushi）。

「Noppeijiru」寫成漢字是「能平汁」、「濃平汁」或「濃餅汁」，是新潟縣人於節日、冠婚喪祭時必定上桌的濃湯。主要食材是芋頭、紅蘿蔔、牛蒡、蓮藕、香菇、銀杏、蒟蒻，再加雞肉或海鮮，芋頭煮爛後會令湯頭變得濃稠；喜事時放紅色鮭魚或鮭魚子，葬儀法事則放油豆腐。冬天吃熱湯，夏天吃涼湯，是一道四季通用的家鄉菜。「笹壽司」是用竹葉裹成的壽司，壽司飯上的材料大多是蕨、筍、薇等時節性山菜，或是金黃色的蛋餅絲、花花綠綠的泡菜，偶爾也有淡水魚魚鬆。

如茶稱為「Agari」，算帳時稱為「Oaiso」，胡瓜稱為「河童」（Kappa），甜醋薑稱為「Gari」，蛋捲稱為「玉」（Gyoku），在紫菜圓壽司上盛食材的稱為「軍艦」（Gunkan），壽司上的食材稱為「Neta」，醬油稱為「紫」（Murasaki）……總之，凡是日本成人大都知道這些專用詞，在壽司店通常也用這些詞。

那麼，壽司店的米飯專用詞是什麼呢？是「Shari」，寫成漢字便是「舍利」。這個詞不僅是壽司店的專用詞，亦是一般日常生活中的慣用語，「**銀舍利**」（Ginshari）正是白米飯的別稱。佛教用詞的「舍利」是指釋迦牟尼圓寂火化後留下的遺骨和珠狀顆粒，後來泛指高僧遺體焚化後所結成的珠狀或塊狀顆粒；骨為白舍利，髮為黑舍利，肉為赤舍利。

成書於七二〇年的日本現存最古正史《**日本書紀**》中，有一段〈蘇我馬子崇佛〉，文中提

のっぺい汁／Noppeijiru

及舍利的超能力現象。蘇我馬子（Soga-no-Umako／五五〇年前後～六二六）是飛鳥時代（Asuka-Jidai）的貴族政治家，不但讓日本第一位女帝推古天皇（Suiko-Tennou）即位，並立聖德太子（Shoutoku-Taishi）為皇太子，與聖德太子共同攝政。據說，五八四年秋九月，百濟使者帶來彌勒石像一軀，佛像一軀。蘇我馬子建造了佛殿，安置彌勒石像，此時有人送了佛舍利給蘇我，結果，「**馬子宿禰試以舍利，置鐵質中，振鐵鎚打。其質與鎚，悉被摧壞，而舍利不可摧毀。又投舍利於水，舍利隨心所願，浮沉於水。**」文中的舍利，指的是真正的高僧遺骨火化後之珠狀物。

成立於平安時代的空海著作佛書《**秘藏記**》中則記載「**天竺呼米粒為舍利。佛舍利亦似米粒。是故曰舍利。**」然而，日本人是近世以後才形容白米、米飯為「舍利」，直至終戰之前，日本人仍慣稱麥飯為「麥舍利」，白飯為「銀舍利」，不過，現代用詞的「麥舍利」指的是監獄牢飯。如此看來，可能是因為往昔的日本人認為白米很珍貴，珍貴得如同釋迦牟尼的舍利，而且形狀和顏色均類似佛舍利，因此才將白米、米飯比喻為「舍利」。畢竟日本人是十七世紀中葉才開始吃白米，而且當時僅限將軍家、大名、富商才吃得起白米，武士階級都吃七成白米、三成小麥的麥飯。直至戰後，白米才登上大部分日本人家庭的餐桌。

長野縣（ながのけん／Naganoken）

|人口|
約**216**萬

長野縣古名「**信濃**」（Shinano），簡稱「**信州**」（Shinshuu）。面積居日本全國第四位，大約是東京、神奈川、千葉、埼玉四縣的總面積，但縣內有許多標高三千公尺以上的連綿高山，可住地面積只占全縣四分之一，與面積居日本第二十七位的愛知縣、第二十八位的千葉縣相差不大，是日本著名的內陸高原避暑勝地，別稱「日本屋脊」。東南部輕井澤（Karuizawa）山明水秀，不但聚集了眾多上流階級的豪華別墅，也有不少適合年輕人住宿的民宿，老少咸宜。除了優美的溪谷景色，另有歷史悠久的古蹟，長野市善光寺（Zenkouji）、松本市松本城（Matsumotojou）、上田市安樂寺（Anrakuji）等均為日本國寶。縣廳所在地長野市（Naganoshi）與中國河北省石家庄市是友好城市。

信州そば／Shinshuu-Soba

鄉土料理：

信州そば（Shinshuu-Soba）、**おやき**（Oyaki）。

「Shinshuu-Soba」是信州蕎麥麵，聞名全日本，由於長野縣是高冷地，無法種稻，只適合栽培蕎麥，因此長野縣的蕎麥麵產量自古以來便居日本首位。「Oyaki」寫成漢字是「御燒」，與台灣的高麗菜水煎包類似，只是形狀是圓形，直徑八至十公分，主餡是山菜，調味料是味噌或醬油。我去過長野縣無數次，每次買當地「御燒」吃時，總會想起往昔在台灣高雄市路邊攤吃的高麗菜水煎包。對我個人來說，高麗菜水煎包比「御燒」好吃多了，如今是有錢也買不到高麗菜水煎包，非常遺憾。

全球各地有很多奇食珍味，某些當地的奇食，在外國人眼中看來，不但會令人作嘔甚至大作文章批評當地人不人道。然而，就我看來，既然人類都必須仰賴其他生命才能生存，我們便沒有資格去批評其他民族的飲食文化。況且，即便是同一民族，也有因當地風土習俗而令外縣人目瞪口呆的飲食習慣。總之，全球各地的所有美食均源自奇食，舉個最簡單的例子，我到現在仍很佩服最初把咖啡豆磨成粉創出咖啡飲料的人，據說最初咖啡亦是一種宗教性祕藥。更慚愧的是，我最近才得知中國有俗稱「中國咖啡」的豆科種子決明子，原本是我家兒子從蘇州帶一包回日本給我嚐鮮，我按說明用水煮沸，再加入冰糖，當做夏季飲料喝，結果發現確實有咖啡味，冷熱皆宜，美味可口。再到網路查尋，又發現決明子具有預防和治療疾病的保健功能，對我來說，這真是一項驚喜的新發現。

日本各地當然也有令外縣人瞠目結舌的奇食，最有名的大概是長野縣人的昆蟲飲食習慣。正確說來，他們吃的是昆蟲蛹。由於長野縣是內陸縣，往昔的當地人很難取得蛋白質食品，只得利用飛螻蛄、蛇蜻蛉、石蠅、蜜蜂、蝗蟲、螞蟻、蟬等幼蟲，以油炸或鹹煮方式做成料理，從中攝取蛋白質。只是現代因開發過度導致自然環境惡化，再者蛋白質食品也很容易入手，所以這些昆蟲料理如今在當地都成為高級珍品，而且須持有國家發給的許可證，才能於十二月至二月的解禁期間捕獲。

美國文化人類學家馬文·哈里斯（Marvin Harris）在其著書**《食物與文化之謎》**（*Good to Eat: Riddle of Food and Culture*）中，便說明「**我們**（歐美人）**不吃昆蟲之因，並非牠們骯髒或令人作嘔，而是我們不吃昆蟲，才會認為牠們骯髒且令人作嘔**」。這道理跟猶太人不吃豬肉、印度人不吃牛肉、亞洲人的胃腸比較難消化牛奶一樣。我本身的體質就無法接受牛奶，每次喝牛奶都會拉肚子，只好以豆漿代替。至於豬肉和牛肉，在明治時代之前，日本人也認為是一種「骯髒且令人作嘔」的食物。連現代日本人餐桌上最常見的鮪魚沙西米與最昂貴的鮪魚肚，在江戶時代都被視為「連貓也不願意吃的下等食品」而全部丟棄呢。

おやき／Oyaki

おやき／Oyaki

山梨縣（やまなしけん／Yamanashiken）

| 人口 |
約**87**萬

山梨縣古名「**甲斐**」（Kai），簡稱「**甲州**」（Koushuu），也是內陸縣，縣內有八成是高山，象徵日本的富士山就在此，雖然森林資源豐富，但可住地面積位居日本全國倒數第三，人口也就不足百萬。由於氣候涼爽，盛產葡萄、水蜜桃、櫻桃，礦泉水產量占日本全國總產量的四成，縣廳所在地甲府市（Koufushi）的甲府葡萄酒遐邇聞名。甲府亦是戰國大名武田信玄的居所地，寶石加工工藝馳名全日本，與中國四川省成都市是友好城市。山梨市的「**清白寺**」（Seihakuji）、甲州市的「**大善寺**」（Daizemji）均為日本國寶。富士山西北側的原始森林「**青木原**」（Aokigahara）俗稱「**樹海**」（Jukai），歷史僅有一千二百多年，卻是日本著名的自殺名所，倘若享受森林浴的遊

ほうとう／Houtou

鄉土料理：

ほうとう（Houtou）、**吉田うどん**（Yoshida-Udon）。

「Houtou」是燴麵，一種很粗很厚的烏龍麵，比名古屋名產之一的「Kishimen」（扁條麵）還要粗厚。做法是在日式湯頭放入白蘿蔔、紅蘿蔔、蔥、牛蒡、大白菜、蕃薯、菇類、南瓜等等，亦可加豬肉、雞肉，最後放麵條煮，調味是紅味噌或白味噌，據說這是戰國大名武田信玄（Takeda-Shingen）發明出的野戰食。吉田烏龍麵則比一般日式烏龍麵更具嚼頭，既厚又韌，冷熱食用均可。

客不按步道前進，誤闖入森林，即便距離只有二、三百公尺，也沒法回歸原路，只能在森林內等死。電影「蟲師」的拍攝外景正是青木原樹海。

一般外縣人對山梨縣人的大致印象是現實主義、經濟觀念發達（說好聽點是節儉，說難聽點是小氣）、商人氣質濃重。然而，根據統計，山梨縣人和滋賀縣人的義工實行率位居日本全國第一，十五歲以上的縣民有百分之四十均曾參與社會公益活動，此數字比日本全國平均數字高出十個百分點以上。可能由於山梨縣四面環山，一旦遭遇天災戰禍，很容易陷入孤立的陸地離島狀態，因此自古以來便養成不向外縣人求救以及縣內人彼此互助的精神，或許這也正是他們經濟觀念發達的根本。

山梨縣最有名的是白葡萄酒，百分之三十五以上的日本國產葡萄酒均出自山梨縣，而且山梨縣人的葡萄酒消費量也高居全國第一（其次是東京、大阪、京都），可以說是葡萄酒王國。除了啤酒例外，日本人向來都愛喝日本酒（清酒），山梨縣人本來也是「既要喝酒，非日本酒不可」的圈內人，但在明治初期得知甲州葡萄極為適合釀造白葡萄酒後，開始試製葡萄酒。當然試製過程幾經周折，待釀造成功後，山梨縣人便主動團結一致互相立誓，往後將不再喝清酒，只喝甲州葡萄酒，由此也可看出他們的團結力非常強。只是不知是否常喝葡萄酒之因，山梨縣的交通事故相當多，均為酒後開車的後果，車禍死傷人數亦居全國第八位。

吉田うどん／Yoshida-Udon

靜岡縣

（しずおかけん／Shizuokaken）

|人口|

約**380**萬

靜岡縣北部依山，南部傍海，往昔分為三國，各為「**伊豆**」（Izu）、「**駿河**」（Suruga）、「**遠江**」（Tootoumi）。東側伊豆半島與西側靜岡市隔著海洋彼此對望，即便同為靜岡縣人，東西居民的風土人情差異很大。縣內盛產茶葉、橘子，日本二大高級名茶正是宇治茶（Ujicha）、靜岡茶（Shizuokacha），靜岡縣的茶園面積和茶葉產量均居日本全國首位。由於富士山跨山梨、靜岡兩縣，靜岡縣北部富士山那一帶理所當然是旅遊名勝；東部熱海（Atami）、伊豆（Izu）則為著名溫泉區；縣廳所在地靜岡市（Shizuokashi）聚集眾多塑料模型工廠，市場占有率是全日本的百分之九十；西部浜松市（Hamamatsushi）是著名工業城市，除了鈴木汽車、本田汽車工廠，雅馬哈（Yamaha）樂器、河合（Kawai）樂器、樂蘭（Roland）樂器總部均在此，故又別稱「日本樂都」。

うなぎの蒲焼き／Unagi-no-Kabayaki

鄉土料理：

桜えびのかき揚げ（Sakuraebi-no-Kakiage）、**うなぎの蒲焼き**（Unagi-no-Kabayaki）。

本地人氣料理：

富士宮やきそば（Fujinomiya-Yakisoba）。

「Sakuraebi」的和名漢字是「櫻海老」，中文是「櫻蝦」，形狀小巧可愛，浮游在水面時，色澤透明粉紅如櫻花，全世界只有日本靜岡和台灣東港能捕獲，在台灣又俗稱「花殼仔」或「國寶蝦」。「Kakiage」是天麩羅的一種，東京的「Kakiage」指的是芝蝦（Shibaebi）天麩羅。天麩羅在台灣音譯為「甜不辣」，我曾在台北夜市吃過甜不辣，發現無論炸法或味道，二者完全兩樣，甜不辣應該歸類為台灣特有的小吃。靜岡縣的櫻蝦天麩羅用的是生鮮櫻蝦，外層裹的麵漿很薄，口感很脆，而且櫻蝦本身有甜味，非常好吃。至於「Unagi-no-Kabayaki」則為鰻魚蒲燒，這道料理在日本全國各地很常見，只是浜名湖（Hamanako）的養殖鰻魚歷史已有一百三十餘年，浜松市內甚至有創業一百三十年的鰻魚料理店，因此靜岡產鰻魚在日本是頂尖名牌。

本地人氣料理的「富士宮炒麵」跟一般日式炒麵不一樣，麵條是當地獨特的麵條，很有嚼勁。二〇〇六年在青森縣八戶市（Hachinoheshi）舉行第一回全日本B級美食大會時，「富士宮炒麵」奪下冠軍寶座，由於榮獲冠軍，翌年便在靜岡縣富士宮市舉行，而第二回冠軍寶座依舊給「富士宮炒麵」奪走。此大會經電視和各種媒體報導，「富士宮炒麵」便一舉成名，聞名全日本。

富士宮やきそば／Fujinomiya-Yakisoba

日本政府於二〇〇四年將五千日圓紙幣肖像人物新渡戶稻造（Nitobe-Inazou／一八六二～一九三三，農學者、教育者、《武士道》作者）換成樋口一葉（Higuchi -Ichiyou／一八七二～一八九二），一千日圓紙幣肖像人物夏目漱石換成野口英世（Noguchi-Hideyo／一八七六～一九二八，細菌學者）。樋口一葉是明治時代婦女社會角色變化的先驅者，亦是日本紙幣史上第二位女性肖像人物，生於一八七二年，上有二兄一姊，下有一妹。父親本為山梨縣農民，為了擺脫階級制度的桎梏，棄鄉上京打拚，經歷千辛萬苦，終於在明治新政府成立之前花錢買了同心（江戶時代的下級公務人員）階級特權，成為士族（武士）階級。

一葉從小便很喜歡讀書，九歲入私立小學，卻遭母親反對，十一歲退學，她的最終學歷止於小學，換句話說，她只接受過兩年正式教育。退學後，一葉在家依然時常捧著祖父與父親的書籍自修，她父親看不過去，送她進和歌私塾學和歌、書法、古典文學。一葉的父親或許擔憂兩個女兒的將來，求好心切地擴展事業，卻節節失利，最後留下一筆負債，兩年後撒手塵寰，當時十七歲的一葉遂成為一貧如洗的戶長。一葉立志當個歌人，無奈在同一時代出現了小她六歲的天才歌人與謝野晶子（Yosano-Akiko／一八七八～一九四二），致使一葉雖留下將近四千首和歌，這些作品卻始終冰凍冷宮，無法見天日。後來改行寫小說，卻在寫作上陷於瓶頸。小說寫不出來，家中柴米油鹽樣樣要錢，難道只是身為女人而已，就無法憑自己的力量闖天下？

一葉二十一歲時，懷著滿肚子苦惱，決定放棄文學，帶著母親和妹妹搬到貧民窟開了家雜貨店。沒有麵包，焉得墨水？九個月的貧民窟經驗，是一葉創作的轉折點。在這之前，一葉的小說始終擺脫不了當時女作家特有的脂粉氣，徒有麗藻，缺乏骨架。但在貧民窟看多了長大便必須賣身進吉原遊廓當妓女的女子命運後，一葉的日記文體開始有劇烈變化，濃妝艷抹的冗詞贅句消失了，只剩下簡潔有力的肺腑之言。

二十二歲時，一葉再次搬家，她為了糊口似乎豁出一切矜持，假意周旋在可以借到錢的男人之間，使得過去一些學姊妹無不鄙視唾棄她，直至她以市井作家身分再度登上文壇。

一八九四年十二月至一八九六年一月，是一葉創作生涯的最高峰，也正是後人所說的「奇蹟的十四個月」。這段期間，一葉連續發表了〈大年夜〉（Ootsugomori）、〈濁江〉（Nigorie）、〈十三夜〉（Juusanya）、〈分道〉（Wakaremichi）、〈比肩〉（Takekurabe）等歷久彌新的傑作。小說主角均是社會底層的女傭、私娼、貧民窟少年少女，尤其描寫貧民窟少年少女的〈比肩〉，令當時不少文人讚不絕口。森鷗外甚至公言：「即便世人嘲笑我盲目崇拜一葉，我也在所不惜地想贈與她『真正的詩人』稱號。」當代文豪的讚賞鞏固了一葉的作家地位。就在前途似錦，看似即將可以脫離家徒四壁的日子時，肺結核病魔纏上一葉。病榻纏綿了十個月的一葉，終究甩不開死神的糾纏，於十一月二十三日永眠，得年二十四。這位生前作品僅有二十多篇短篇小說的女作家，宛如曇花一現，卻留下令人縈懷難釋的芳香。倘若一葉地下有知，望著五千日圓紙幣上的自己的肖像，不知會不會嘆喟：「一百多年前的我，最需要的正是這個！」

一葉生前非常喜歡吃鰻魚，她在《**一葉日記**》中時常讓鰻魚登場，也常讓男性掏腰包請她吃各種高級料理，在小說中更經常利用料理襯托人物。日本文壇有句名言：「寫得出食物和女人的人，才夠格自稱專業作家。」看來這句名言並非憑空杜撰。

桜えびのかき揚げ／Sakuraebi-no-Kakiage

愛知縣

（あいちけん／Aichiken）

人口

約740萬

愛知縣往昔分為兩國「**尾張**」（Owari）、「**三河**」（Mikawa），位於靜岡縣西鄰，東、北部靠山，西、南部臨海，面積居日本全國第二十七位，人口卻僅次於東京、神奈川、大阪，排行第四，縣內總產值亦僅次於東京、大阪，居日本全國第三位。縣內盛產木材，出貨量占全日本最高位。縣廳所在地名古屋市（Nagoyashi）於戰國時代出現過兩位英雄——織田信長、豐臣秀吉，戰國名將加藤清正、前田利家也是名古屋人，名古屋市與中國南京市是友好城市。全世界規模最大亦是全日本最大企業的豐田（TOYOTA）汽車廠商，總部就在愛知縣豐田市，名古屋也有豐田汽車據點，因此名古屋是汽車城市，馬路很寬，光是單側便有三至五條行車道，是名古屋人引以自豪的事項之一。

ひつまぶし／Hitsumabushi

鄉土料理：

ひつまぶし（Hitsumabushi）、**味噌煮込みうどん**（Miso-Nikomi-Udon）。

「Hitsumabushi」是將鰻魚蒲燒切碎盛在白飯上，容器是小飯桶，有三種吃法，可以原樣吃、拌飯吃，或加日式湯頭、熱茶當做茶泡飯吃。「味噌煮烏龍麵」是砂鍋的一種，調料是赤味噌，味道濃厚，麵條也很硬。日本全國各地都有當地的味噌烏龍麵砂鍋，但調料通常是白味噌，只有名古屋用的是赤味噌，非常獨特。

日本史上名垂不朽的三位戰國時代英雄偉人，均為愛知縣人；其中兩位是尾張國的織田信長（Oda-Nobunaga／一五三四～一五八二）、豐臣秀吉（Toyotomi-Hideyoshi／一五三七～一五九八），另一位是創立江戶幕府的三河國人德川家康（Tokugawa-Ieyasu／一五四三～一六一六）。

織田信長於戰國時代建設了龐大的藥草園，三千多種藥草（包括蔬菜類）全來自中國或西域，這些藥草中有一樣現代日本小朋友很討厭吃的蔬菜——紅蘿蔔。紅蘿蔔原產於阿富汗，中國約在十三世紀自伊朗引入，當時織田信長進口的正是這類經由中國改良的亞洲生態型胡蘿蔔。在織田信長引進紅蘿蔔之前，日語的「**人參**」（Ninjin）指的是朝鮮人蔘，大眾認為其是促進陽氣、滋補體力的特效藥，只是很難栽培，在當時是珍貴藥材。

味噌煮込みうどん／Miso-Nikomi-Udon

織田信長引進的紅蘿蔔當然不是朝鮮人蔘，不過形狀類似，令當時的日本人以為紅蘿蔔也具有朝鮮人蔘藥效。再者因容易栽培，於是急速普及。不過，現代日本人吃的紅蘿蔔大部分是荷蘭、法國改良的短小型西洋品種，一年四季都能買得到。紅蘿蔔的營養價值當然不亞於朝鮮人蔘，而且對男性來說，似乎比昂貴的朝鮮人蔘更有價值。

日本著名的天皇大廚秋山德藏（Akiyama-Tokuzou／一八八八～一九七四）曾在其著作中提到，他有位鹿兒島縣人男性朋友，因父親年紀大了，便接父親到東京來住。比起南國鹿兒島，戰前東京的冬季氣溫太低，令這位老父受不了。鄰居看不過去，建議年過六十五的老父每天早上喝一杯用紅蘿蔔加蘋果碾碎的果汁，如此便可以暖身。材料是約三寸長的生紅蘿蔔，蘋果則連皮一起磨碎，再用紗布過濾成果汁。老父喝了十天，果然不再怕冷，每天帶孫子到附近的靖國神社玩。然而這果汁有令人意想不到的副作用，據說老父除了不再怕冷外，本來已奄奄一息的小弟弟也生龍活虎起來，令老父極為難堪。秋山德藏所下的結論是，強精祕密可能在於併用生紅蘿蔔與蘋果。奉勸各位男性看官，掏腰包花錢買「威而剛」之前，不妨先用此偏方試試。

富山縣（とやまけん／Toyamaken）

人口
約110萬

富山縣古名「**越中**」（Ecchuu），簡稱「**越州**」（Esshuu）。北臨日本海（富山灣），東接新潟、長野縣，南側緊鄰岐阜縣，西側是石川縣，由於水力資源豐富，縣內有百餘水力發電所，更是日本國內著名的名水產地。山區大部分是國立公園，立山（Tateyama）山脈是日本三名山、三靈山之一，主峰「雄山」（Oyama）高三〇〇三公尺，黑部峽谷（Kurobe-Kyoukoku）更是日本祕境百選之一，西南端「五箇山」（Gokayama，五個山谷之意）合掌造村落則為世界遺產。方言大致有三種，其中之一的富山話據說是日本最古老的語言。富山藥商也很有名，亦即家庭常備藥急救箱寄放買賣方式，推銷員定期來檢查急救箱內的藥品，再計算用過的藥費，並增添新藥品。

ぶり大根／Buri-Daikon

鄉土料理：

鱒壽司（Masuzushi）、**ぶり大根**（Buri-Daikon）。

鱒壽司已有三百餘年歷史，是在圓形木製容器鋪上一層笹（Sasa／日本原產矮竹）葉，盛進醋飯，上層鋪鹽醃後再調味的鱒魚，最後裹上笹葉，用石頭或壓板壓扁，算是押壽司（Oshizushi）的一種。「Buri-Daikon」是日本全國家庭餐桌常見的冬季家常菜，食材是冬鰤魚頭、魚骨和蘿蔔，用醬油、味醂等紅燒而成。

提到富山縣，一般日本人通常會想起「**置き薬**」（おきぐすり／Okigusuri），也就是先用藥、後收費的寄放藥箱販賣方式。「富山置藥」的原點是奈良縣寺院的施捨藥，寺院擁有藥圃，原為免費施捨給一般香客，後來人口逐漸增多，寺院本身也需要藥草栽培費用，於是開始按實價銷售。賣藥人正是「**香具師**」（Yashi），這些別稱「香具師」的人，日後逐漸演變為江湖藝人。

奈良縣有「西國三十三所」靈地，香客絡繹不絕。「香具師」起初在香客巡禮的街上路旁販賣藥草，但香客返鄉後，通常會再度來信求藥，寺院只好遣使者遞送藥草，時日一久，便形成一種行商組織。到了江戶時代，越中富山藩（富山縣）因冬天積雪深，農民無法種田，第二代藩主前田正甫（Maeda-Masatoshi／一六四九～一七〇六）便允許農民於農閒期集體到外地行商，賣的正是富山藩有名的「**反魂丹**」（Hangontan）。這些農民到外地各個農村留下各種富山藩特製藥丸，一年後，再度前來收費並送來新藥丸，算是一種百分之百的信用買賣制度。明治維新後，「富山置藥」不但沒有衰落，反而逐年興盛。我家曾是「富山置藥」客戶之一，所以對此制度非常熟悉。家中有幼兒的日本家庭，因小孩隨時會發高燒、拉肚子，通常家裡都有富山藥商救急箱。救急箱內有許多家庭急用藥品，推銷員每個月會在固定日子來檢查救急箱內的藥品，計算用過的藥費，並填補新藥品。

此外，推銷員本身也是一種醫療諮詢者，每月一次的訪問，等於是定期來與客戶商討醫療問題。由於是百分之百的信用商法，「富山藥商」推銷員的戒律非常嚴格，例如，即便與客戶已是老相識，也絕不能隨便碰觸客戶家中的任何物品；在道德方面上，更不准在自己擔當地區內與客戶發生男女關係。

聽說這種「寄放藥袋」的買賣方式，後來隨日本殖民也進入台灣，直至五〇年代左右，台灣家家戶戶牆上都還掛有這種「藥袋」。現代日本則不僅富山製藥公司如此做，其他製藥公司也都有「**置藥**」制度，甚至將範圍自家庭擴展至一般企業公司。蒙古、泰國等國家，因許多地區離醫院太遠，病人無法隨時或定期到醫院看病，紛紛學日本這種置藥方式，各國政府積極與日本財團合作，實施寄放藥箱制度。

鱒壽司／Masuzushi

鱒壽司／Masuzushi

岐阜縣

（ぎふけん／Gifuken）

人口
約210萬

岐阜縣位於長野縣左鄰，往昔分為兩國「飛驒」（Hida）、「美濃」（Mino），是日本正中心的內陸縣，面積居全國第七位，但縣內可住地面積僅占全縣百分之二十。北部有海拔三千多公尺的飛驒山脈，西南部則為水鄉地帶，甚至有低於海拔的地區，地形極為複雜，自古以來便有「飛山濃水」之形容。戰國時代英雄織田信長平定了美濃國並接收稻葉山城後，才將地名改為「岐阜」；岐阜的「岐」是根據中國周文王起於岐山而取，「阜」則取自孔子出生地的曲阜。奠定江戶時代德川幕府之基的「關之原合戰」舞台也在此。美濃燒（Minoyaki）陶器是日本傳統工藝品之一，縣內陶瓷器產量居全國首位。縣廳所在地岐阜市（Gifushi）位於緊鄰愛知縣的南部，與中國杭州市是友好城市。

栗きんとん／Kuri-Kinton

鄉土料理：

栗きんとん（Kuri-Kinton）、**朴葉味噌**（Hooba-Miso）。

「Kuri-Kinton」寫成漢字是「栗金飩」，與日本元旦料理之一的甜膩「栗金團」不一樣，是岐阜縣特產的高級和菓子，形狀類似小籠包，不太甜也不黏糊，味道純樸。「朴葉味噌」是飛驒地區的鄉土料理，調理法是在乾燥的木蘭科日本厚朴葉上盛味噌，再加入蔥、香菇或其他山菜，用炭火烤，最後拌飯吃。飛驒地區有許多原生厚朴，芳香葉子具有殺菌作用，而且那地區多硬水，不適合做味噌湯，才會形成當地特有的朴葉壽司、朴葉麻糬、朴葉味噌、朴葉烤豆腐等飲食文化。

向來有「日本的肚臍」之稱的岐阜縣，除了陶器工藝品，還有一項能在全世界引以自豪的手工藝，那就是刀刃鍛造技術。就刃具產品來說，岐阜縣中部**関市**（Sekishi）生產的高級刀劍，可以與德國的索林根（Solingen）並駕齊驅，在刀劍收藏者或軍警業界、武裝部隊中，有所謂「**東洋關市，西洋索林根**」之說，若再加上英國的設菲爾德（Sheffield，別稱「鋼城」），便是聞名全世界的「刃具3S」。

外縣人對岐阜縣人的印象是自我本位意識濃重，但很愛學習，是努力家。高齡者的學習熱心度居日本全國第一，根據日本總務省統計局調查，一百萬人口中，日本高齡者學級、講座平均數字是三五七・五，岐阜縣卻高達二七〇七・七，約全國平均數字的七・六倍，真是不負織田信長當初取孔子出生地曲阜，將地名改為岐阜之初衷。附帶一提，高齡者學習講座人口居全國第二位的是島根縣，其次為富山縣，反之，倒數第一名的是神奈川縣（二十・七），之後是大阪府（三四・一）、東京都（五二・九）。由統計數字看來，住在大都市的人反倒對學習沒興趣，或許大都市另有許多其他刺激活動吧。

另有一項統計很有趣，也是根據日本總務省調查結果，據說岐阜縣人的儲蓄金額居日本全國首位。儲蓄內容包括人壽保險、股票等。日本全國的家庭儲蓄平均數字是一千二百萬日圓左右，岐阜縣人的儲蓄金額則為一千六百萬日圓，其次是福井縣一千五百萬日圓、石川縣與富山縣一千四百萬日圓、岡山縣一千三百萬日圓。倒數第一的則為沖繩縣，僅有五百萬日圓，二者之間的差距高達一千萬日圓以上。此外，岐阜縣一千人口中，僅有三人是政府的生活被保護對象（保障貧困人口最低生活水平法），此數字雖不及第一位的富山縣與第二位的島根縣，但應該可以證明岐阜縣人確實是認真工作的努力家。第一位的富山縣，無論房地產（百分之八十五以上都擁有自己的地皮與房子）或家庭所得均居日本全國第一，因此需要政府保障的貧困人口較少吧。

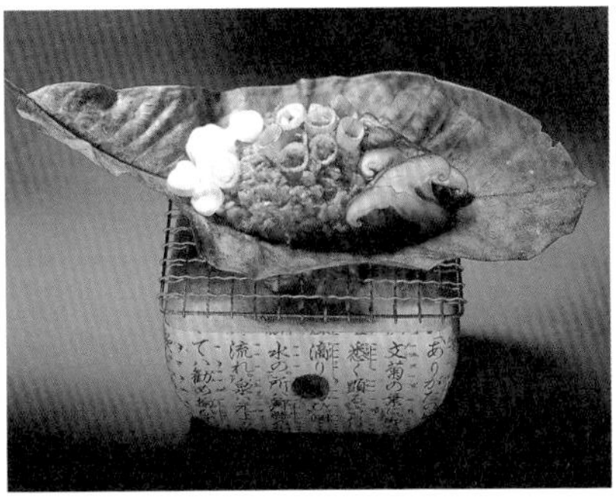

朴葉味噌／Hooba-Miso

石川縣

（いしかわけん／Ishikawaken）

| 人口 |

約 118 萬

石川縣由「**加賀**」（Kaga）、「**能登**」（Noto）兩國合併而成，南部有肥沃的加賀平原，北部有三面環海並延伸至日本海的能登半島，地形是南北約二百公里的狹長條狀，擁有約五百八十公里長的複雜海岸線。縣廳所在地金澤市更是完美保存了歷史古蹟及傳統文化的稀有古都，縣內傳統民間工藝品多達四十餘種，其中以「**輪島塗**」（Wajimanuri）漆器、「**九谷燒**」（Kutaniyaki）陶瓷器、「**加賀友禪**」（Kagayuuzen）和服染布等手工品馳名全日本。就我個人的旅遊經歷來說，京都和金澤雖同為日本古都，但我比較偏愛純樸又具有獨特風格的金澤。

カブラ壽司／Kaburazushi

鄉土料理：

カブラ壽司（Kaburazushi）、**治部煮**（Jibuni）。

「Kaburazushi」跟一般壽司不同，是把鹽醃蕪菁做成割包形狀，再夾入鹹冬鰤魚片，最後放進加入紅蘿蔔絲、昆布絲、米麴的容器內醃漬。由於北陸冬季氣候嚴寒，米麴發酵過程較慢，如此徐徐醃漬出的「Kaburazushi」，不但味道醇濃，又有乳酸香味，在日本是極為吃香的下酒菜之一，不過當地人通常將之列為元旦料理。

「治部煮」的材料是雞肉、香菇、麵筋、青菜、筍、蓮藕，用日式高湯加醬油、砂糖、酒、味醂煮成湯汁。雞肉於事前先沾麵粉，如此不但可以封住雞肉旨味，煮成後也不用加太白粉勾芡便能成為濃稠湯汁。往昔用野鴨肉，現在都用雞肉，這道菜是當地人的婚禮喜宴必備料理。

日本幻想文學先驅者泉鏡花（Izumi-Kyouka／一八七三～一九三九）是石川縣金澤市人，生前留下不少至今仍被視為傑作的作品，但他本人在現實生活中則是位著名的潔癖怪人。他在三十歲時感染痢疾，也患過腳氣病，而且生來腸胃不好，極度恐懼細菌。霍亂流行期間，曾每天只吃湯豆腐（Yudoufu）和煮豆度過百餘日。而且他吃的湯豆腐與一般人吃的方式不同，非得讓豆腐在鍋內滾沸得「類似蝦夷雪花蒙上昆布在舞蹈」的程度不可。他甚至連豆腐的「腐」字也列為拒絕往來字，堅持用「府」字，跟同業文人一起吃火鍋時也要劃清界線，不准對方的筷子侵犯到自己的火鍋領土。（真不知這個界線是怎麼劃分的？）

每次出門與人聚會時，倘若餐館不是他常去的那幾家，他一定會在家先用

治部煮／Jibuni

餐，絕不吃外面的任何食物。喝日本酒時，也得讓酒壺在沸水中熱得直冒泡才肯喝；喝茶時也必定先煮沸，再於茶杯內加鹽滅菌；每回抽煙後，一定在煙管蓋上夫人手製的彩色印花紙製蓋子。或許因為過於潔癖，泉鏡花生前不喜歡旅遊，後來有位女作家送了一套固體酒精爐子給他，以便他在火車內也可以煮茶水喝，他才安心出門旅遊。有一次，火車乘客看到泉鏡花的座席冒出青色火焰，誤以為發生火災，跑去通知乘務員，乘務員慌慌張張趕來，泉鏡花卻慢條斯理地背誦火爐說明書文章給乘務員聽，令乘務員聽得丈二金剛，愣頭愣腦地離開。

泉鏡花的住居是一樓、二樓合計約三十五坪的純日式房子，一樓的玄關約兩疊大（一坪，三・三平方公尺），另有四疊半、六疊、八疊房間；二樓是四疊、八疊房間。泉鏡花的寫作房是二樓八疊房，小矮桌面向四扇紙窗，紙窗下方都有可以開閉的豎長方形小紙窗，外面是木製陽台，另一個四疊房壁櫥內則當做藏書庫。令人深感興趣的是一樓看不到任何樓梯，原來樓梯設在一樓四疊半房的壁櫥一旁，客人看不到樓梯，家人想上樓時，必須打開壁櫥一旁的紙門才能上樓。登上二樓後，也必須打開紙門才能進設有藏書庫壁櫥的那個四疊半房。既然潔癖到如此程度，倘若是現代女子，恐怕沒人願意當他的妻子，不過據說他跟原為藝伎的夫人之間感情非常好，彼此終生都戴著刻有對方名字的手鐲。

福井縣（ふくいけん／Fukuiken）

｜人口｜
約81萬

福井縣西臨日本海，由「**越前**」（Echizen）、「**若狹**」（Wakasa）兩國合併而成，總面積四分之三是森林，若狹灣（Wakasawan）那一帶是國定公園，有許多著名景觀，素有「越山若水」美譽。敦賀港（Tsurugakou）是三面環山的天然良港，亦是日本海沿岸著名的國際貿易港口。一九四〇年，日本的猶太人救星杉原千畝（Sugihara-Chiune）曾在立陶宛獨斷發放六千份簽證給猶太人，這些猶太人正是在敦賀港上岸，而且之後都收容過眾多難民，因此敦賀港又別稱「人道港」。縣廳所在地福井市（Fukuishi）是紡織工業中心，與中國杭州市是友好城市。

越前おろしそば／Echizen-Oroshisoba

鄉土料理：

越前おろしそば（Echizen-Oroshisoba）、**さばのへしこ**（Saba-no-Heshiko）。

「越前」（Echizen）是福井縣北部舊國名，「Oroshisoba」是在蕎麥麵添加蘿蔔泥、柴魚片、蔥，再澆上調味汁的涼麵，已有四百餘年歷史。「Saba-no-Heshiko」是將去掉頭尾、內臟的鹽醃鯖魚再度以米糠醃漬，「Heshiko」是若狹地區方言，醃漬之意。其他另有沙丁魚米糠漬、河豚米糠漬，這類米糠醃漬魚類在以京都為中心的關西地區很常見，但在關東地區則比較罕見。

平安時代的貴族，似乎沒有在烹調過程中直接加調味料的習慣，吃飯時，按自己口味各自蘸鹽、味噌等調味料。只有酸味例外，因為當時沒有食酢，只能讓材料自然發酵而得酸味。又因身分制度嚴謹，有不少食物被上流階級人士視為下品，例如貴族就視沙丁魚為敝屣。可能基於鮮度問題，當時的貴族只吃香魚、鯉魚或鯽魚之類的淡水魚，對海水魚不屑一顧。但有位貴族，且是女子，經常瞞著丈夫偷吃沙丁魚，這位女子正是寫下世界文學史上第一部長篇小說的平安時代女作家紫式部（Murasakishikibu）。

江戶時代的國學者谷川士清（Tanikawa-Kotosuga／一七〇九～一七七六），於生前所編撰的國語辭典《**和訓栞**》（Wakun-no-Shiori，九十三卷）中，描述紫式部非常愛吃沙丁魚，時常趁丈夫不在時，在家裡偷吃烤沙丁魚。某天，丈夫看

さばのへしこ／Saba-no-Heshiko

到紫式部正在吃沙丁魚，眉頭一皺，責備她怎麼吃這種下品魚。紫式部回丈夫一首和歌，意思是：凡是日本人，沒人不去參拜石清水八幡宮，也沒人不吃沙丁魚。

七〇年代，專家發表了沙丁魚飽含DHA、EPA之研究論文，而DHA又能充實成人腦細胞，不但可抑制攻擊性，也可令精神安定，增強集中力。或許紫式部正因為時常偷吃沙丁魚，才能寫下傑作《**源氏物語**》？

不過，當時朝廷女官稱沙丁魚為「御紫」或「紫」，可見眾女官也時常瞞著男人偷吃沙丁魚。女人通常感情（嘴巴）勝過理智（大腦），只要好吃，誰會去計較身分制度？先吃再說。而紫式部又曾伴隨父親到越前赴任，越前若狹灣的特產正是沙丁魚，或許紫式部在這時期也曾飽嚐沙丁魚？

きんきちほう

Kinki-Chihou

近畿地方

滋賀縣（しがけん／Shigaken）

｜人口｜
約140萬

滋賀縣古名「**近江**」（Oumi），簡稱「**江州**」（Goushu），中央是占去縣內總面積六分之一的琵琶湖（Biwako），南北長約六十四公里，是日本最大的淡水湖。琵琶湖約有四百至六百萬年歷史，四周有四十餘大小內湖，湖中多島嶼，水產豐富，不但是日本淡水魚寶庫，四季各異的景色亦極為秀麗，是日本旅遊勝地之一。琵琶湖八景是曉霧（高島市海津大崎的岩礁）、涼風（大津市雄松崎的白汀）、煙雨（大津市比叡的樹林）、夕陽（大津市瀨田石川的清流）、新雪（木之本町賤岳的大觀）、深綠（長浜市竹生島的沉影）、明月（彥根市彥根古城）、春色（近江八幡市、安土町的水鄉）。縣廳所在地大津市（Ootsushi）與中國黑龍江省牡丹江市是友好城市。

鴨鍋／Kamonabe

鄉土料理：

鮒壽司（Funazushi）、**鴨鍋**（Kamonabe）。

「鮒壽司」的食材是琵琶湖固有的大型鯽魚，尤以帶魚子的雌魚為高級品，先除掉鯽魚卵巢以外的內臟後，鹽醃數月至一年。做壽司時，把鹽醃鯽魚浸在水中除去鹹味，之後塞進加鹽的白飯，最後於木桶內交互放進白飯、鯽魚，再度醃漬數月。白飯發酵後有乳酸酸味和獨特臭味，一般都只吃發酵後的魚肉，也有人連魚帶飯做成茶泡飯。「鴨鍋」是野鴨火鍋，由於只限冬季狩獵，這道火鍋料理也只能在十一月至三月才吃得到。

滋賀縣古名是近江，提到近江，大部分日本人都會聯想到「近江商人」。日本戰國時代豐臣秀吉政權五奉行之一的石田三成（Ishida-Mitsunari／一五六〇～一六〇〇）正是近江人，他的數字能力非常強，善於處理財務。其實不僅石田三成，近江人自鎌倉時代（十二世紀末～十四世紀初）起便很會做生意，直至江戶、明治、大正、昭和戰前時代，始終是日本商業界的統帥。或許正因為如此，近江人的縣民性是重人情、講仁義、數字能力強、做事有計劃性、視節約為美德，但必要時會慷慨解囊。

近江有不少名門商家，例如日本規模最大的寢具廠商西川（Nishikawa）產業，已有四百年以上的創業歷史，日本人一提到寢具，首先必定會想到「西川棉被」，西川牌寢具在日本算是高級品。另一家是伊藤忠（Itouchu）商社，創業者起初只是個麻布行商小販，百年後發展成

鮒壽司／Funazushi

伊藤忠財閥，戰後基於財閥解體措施，分裂為伊藤忠和丸紅（Marubeni）兩個組織，但兩者均是同根企業。

往昔我曾到東京港區伊藤忠總社去應徵口語翻譯工作，對這家大企業印象很深，我記得當時整棟大廈無聲無息，連走廊都鋪著地毯，走起路來不會發出高跟鞋的喀噠喀噠聲。遺憾的是，當時我剛離婚不久，膝下兩個兒子都還在讀小學，面試人勸我最好找可以在家工作的文筆翻譯，因為中日口語翻譯大多是接待中國客戶，有時還得陪客戶到高級酒店至深夜，工作時間不正常，不適合必須隻手養育小學生的單親媽媽。後來我才到NTT系列公司做朝九晚五的電話簿編輯工作。

而以農業機械器具、小型船舶為主的製造公司Yanmar，創業者亦為近江人。其他另有西武鐵道集團創業者堤康次郎（Tsutsumi-Yasujirou／一八八九～一九六四）、高島屋（Takashimaya）百貨公司創業者、日本規模最大的人壽保險公司日本生命（簡稱nissay）創設者……由此可見，「近江商人」確實很厲害。

三重縣（みえけん／Mieken）

人口
約186萬

三重縣位於太平洋沿岸的紀伊半島（Kii-Hantou）東部，由「**伊勢**」（Ise）、「**志摩**」（Shima）、「**伊賀**」（Iga）三國合併而成。南北長約一八〇公里，東西寬只有十至八十公里，盛產綠茶，產量居日本全國第三位。松阪市近郊生產的松阪牛（Matsusaka-Ushi）是日本黑毛和種高級母牛（只限未分娩母牛），其牛肉稱為「**Matsuzaka-Gyu**」，聞名全世界。北部鈴鹿市（Suzukashi）是日本賽車聖地，有鈴鹿國際賽道，西北部伊賀市（Igashi）因地形獨特，是伊賀忍者發祥地，也是俳人松尾芭蕉（Matsuo-Bashou）出生地。旅遊勝地除了世界遺產之一的熊野古道（Kumano-Kodou），另有供奉日本天皇祖先天照大神（Amaterasu）的伊勢神宮（Ise-Jinguu）。縣廳所在地津市（Tsushi）位於中部，與中國江蘇省鎮江市是友好城市。

伊勢うどん／Ise-Udon

鄉土料理：

伊勢うどん（Ise-Udon）、**手こね壽司**（Tekonezushi）。

「Ise-Udon」是伊勢烏龍麵，麵條很粗，須花一個鐘頭把麵條煮得很軟，再澆上濃厚黑調料，是一種涼麵。據說往昔是專門給伊勢神宮參拜客吃的，為了隨時可以自大鍋內撈起熟麵再調料給客人吃，才發明出這種無論煮多久都無所謂的麵條。「Tekonezushi」類似全國各地可見的海鮮散壽司或海鮮蓋飯，做法是先將鰹魚、鮪魚等紅色魚肉類浸漬於調味料中，再與醋飯攪拌。本為漁夫、海女（Ama／採珠女）為節省時間而隨手拌成的速食，「Tekone」正是手拌之意，如今已成為當地著名的鄉土料理。

三重縣的縣魚是伊勢龍蝦，我很愛吃蝦、蟹、貝之類的海鮮，可惜伊勢龍蝦在日本是高級食材，像我這種靠寫字維生的人，甚少有機會大飽口福。不過，三重縣的伊勢龍蝦產量並非日本全國第一，伊勢龍蝦產量的龍頭老大是千葉縣，三重縣是第二把手，前往日本迪斯尼樂園玩的人，最好趁機也嚐嚐千葉縣的伊勢龍蝦。

縣內最有名的古蹟是伊勢神宮，每年有八百萬餘觀光客前往三重縣參拜伊勢神宮，不知是不是自古以來都有外縣人主動來撒銀子，當地人不用辛苦賺錢，所以三重縣人個性多半安詳溫和，和藹可親，善於交際。只是，根據統計，三重縣人是日本全國酒量最弱的族群。DNA中有一種名為NN型遺傳基因，具有這種遺傳基因的人擁有眾多可以分解酒精的酵素，調查統計得知三重縣人只有百分之四十的人具有這種遺傳基因，居日本全國最低位，或許這正是三重縣人個性溫和的原因。

而酒量最大的則是秋田縣人，其次是岩手縣、鹿兒島縣、福岡縣。據說百分之九十九的白人、黑人具有NN型遺傳基因，亞洲人則只占百分之五十五。秋田縣盛產美女的原因，除了日照時間短，東京大學某研究集團更研究出青森縣至秋田縣沿海地區的人，具有歐美白人才有的鹼基序列；而且秋田縣某醫生統計出，日本人的平均皮膚白色度是百分之二十二，但秋田縣人竟高達百分之三十，非常接近白色度是百分之四十的西歐白人。簡單說來，往昔有白人集團漂流至秋田縣沿岸，因此秋田縣人祖先是白人和當地人的混血兒。

另一項位居日本全國第一的產業也跟伊勢神宮有關，那就是龜山（KAMEYAMA）蠟燭，市場占有率居全日本五成。龜山蠟燭公司目前將總社設在大阪，不過創業者是伊勢神宮的木匠，據說此人退休後也不想跟伊勢神宮絕緣，便開始製作蠟燭，距今已有八十餘年歷史，是日本國內規模最大的蠟燭公司。附帶一提，福井、滋賀、岐阜、三重，四縣總稱「日本中央共和國」，此名稱當然毫無任何政治性，而是四縣聯手共同向國外展開觀光促銷活動以及地域性的文化、產業、福祉、醫療等交流。

手こね壽司／Tekonezushi

京都府（きょうとふ／Kyoutofu）

｜人口｜
約**263**萬

京都府由「**山城**」（Yamashiro）、「**丹波**」（Tanba）、「**丹後**」（Tango）三國合併而成，北瀕日本海，其他三面緊鄰六縣，地形南北縱長，中央是丹波山地，氣候二分為日本海型和內陸型。府內南部的千年古都京都市（Kyoutoshi）四面環山，是個夾在大阪府、滋賀縣之間的盆地，與中國西安市是友好城市。京都最有名的食品是明治時代之前便在京都府內栽培的傳統蔬菜「**京野菜**」（Kyouyasai），包括已絕滅的兩種，總計三十八種，例如賀茂茄子（Kamo-Nasu）、九條蔥（Kujou-Negi）、水菜（Mizuna）等。宇治市（Ujishi）的宇治茶（Ujicha）是日本茶的高級名牌，自戰國時代起便鞏固其高級茶地位。

日本有句俗語「**東男京女**」（Azumaotoko-Kyouonna），意思是男子數關東，女子數京都。江戶時代的東京及關東地區，男多女少，而且是武士社會，因此關東男子個性比較直爽、帥

京野菜／Kyoyasai

鄉土料理：

京漬物（Kyo-Tsukemono）、**賀茂なすの田楽**（Kamonasu-no-Dengaku）。

「京漬物」是京都傳統泡菜，大部分是鹽醃泡菜，由於注重蔬菜本身具有的香氣和色澤，味道都很淡。最有名的是將蕪菁切成薄片，再用昆布、辣椒、食醋醃漬成的「千枚漬」（Senmaiduke），其他另有用紫蘇醃茄子的「紫葉漬」（Shibaduke），以及用僅限上賀茂生產的酸莖菜（Sugikina）鹽醃成的「酸莖漬」（Sugikiduke），此三種泡菜號稱京都三大泡菜。「賀茂茄子田樂」則是將既圓又厚的賀茂茄子橫切為半，用文火慢慢煎熟，再盛上甜味噌，適合初夏、盛夏食慾不振時期。

氣、做事乾淨俐落、淡泊名利；而京都女子溫柔優雅、嬝娜纖巧。不過，這其實是京都吳服商界為了抬高京都形象兼促銷和服而創出的文宣標語。

京都女子確實很在乎四周的眼光及閒言閒語，做事很貼心，但也由於太過慮對方的立場和擔憂自己做得不好，有些風俗習慣反倒令外縣人覺得摸不著門兒。最有名的例子是到京都人家裡做客時，不能全部吃掉對方送上的料理，否則對方會深感不安，以為送上的料理不夠讓客人吃飽（這點跟中國人有點類似，寧願點了滿桌吃不完的菜，也深怕對方吃不飽）。此外，基於細心，會考慮對方的感受，所以京都女子很難直接說NO。外縣男子想跟京都女子約會時，京都女子即便內心不願意，也不會直接拒絕，導致男子以為追求成功，結果在約會地點呆呆等得如同生根的大樹。不過，要是她們真陷入戀愛陷阱中，那就完全表裡不一，熱情如同火山爆發。

既然是東男京女，那麼，東京男和京都女談

京漬物／Kyo-Tsukemono

賀茂なすの田楽／Kamonasu-no-Dengaku

戀愛的成功率有多大？據說成功率相當低。主要原因在於二者生長環境差異太大，再者歷史背景也有關。我在《**字解日本：食衣住遊**》中已提過，大部分京都人都認為自己活在地球的中心，他們對自己出生成長在千年古都引以為傲，而東京雖是日本首都，畢竟僅有四百多年歷史，而且不時改頭換面，站在京都人的立場來看，東京宛如一個玩興未減的毛頭小子。

舉例來說，某個男女相親綜藝電視節目做了個實驗，實驗主角是東京男子，相親女子則分別為北海道、新潟、京都、沖繩。結果，相親對象的兩位京都女都穿和服，極為出眾，但東京男與京都女之間完全無話可談，其中一位的言談更令人啞口無言。由於東京男相當有耐性（不愧是武士階級的後裔），絞盡腦汁聊些自己到京都旅遊的感想，不料對方竟以會令人骨頭都酥掉的京都腔回說「淺草和札幌都是模仿京都的城市」，言下之意就是東京和其他大都市根本沒什麼了不起，只會模仿京都。相親後果當然可想而知，逐漸演變為東京男與京都女之間的自尊心口舌激戰。最後相親成功的是新潟女。

現代年輕人或許對「門當戶對」這句話很感冒，但我認為古人說的不無道理。此處的「門當戶對」並非指雙方家庭經濟或社會地位等條件，而是當事人的成長過程以及彼此的父母家庭生活方式、門風等。國際婚姻中有眾多成功例子的原因，我認為這是因為男女雙方於婚前便具有在往後的婚姻生活中，將會發生許多因文化觀念不同而起衝突的心理準備，所以比較能彼此容忍對方。

大阪府（おおさかふ／OOSAKAFU）

｜人口｜
約**884**萬

大阪府古名「**難波**」、「**浪花**」（Naniwa），由「**攝津**」（Settsu）、「**河內**」（Kawachi）、「**和泉**」（Izumi）三國合併而成。緊鄰京都府、奈良縣等，面積居日本全國倒數第二位，但可住地面積占總面積約七成，居日本首位，因此人口僅次於東京都，是西日本的經濟文化中樞。大阪灣東北岸的府廳所在地大阪市（Oosakashi）亦為日本第二大城，與中國上海市是友好城市。建設在人工島嶼上的關西國際機場通稱「**關空**」（Kankuu），根據英國**Skytrax**航空調查顧問公司每年舉辦的年度全球最佳機場獎資料，關西國際機場於二〇〇八、二〇〇九年均居全球第六位，奪冠最多次的則為香港國際機場，其次是新加坡樟宜機場。以大阪為舞台的著名小說也不少，例如山崎豊子（Yamasaki-Toyoko）的《**白色巨塔**》，松本清張（Matsumoto-Seichou）的《**砂之器**》，谷崎潤一郎（Tanizaki-Junichirou）的《**細雪**》、《**春琴抄**》等等。

お好み焼き／Okonomiyaki

鄉土料理：

箱壽司（Hakozushi）、**白みそ雜煮**（Shiromiso-Zouni）。

本地人氣料理：

お好み焼き（Okonomiyaki）、**たこ焼き**（Takoyaki）。

「箱壽司」與「押壽司」類似，都是用木框裝醋飯，上層盛鮮魚、星鰻、鯛魚、蝦等，壓成四角長方形，如此即便不當場吃而帶回家吃，生魚片和醋飯的味道均不變。「壽司」的另一個漢字是「鮨」（Sushi），古代中國第一部按義類編排的綜合性辭典《爾雅》中說明「肉謂之羹，魚謂之鮨」，意指肉醬是羹，攪碎的魚肉為鮨；《說文解字》則為「鮨，魚醬也，出蜀中」。從說明文看來，古代中國的「鮨」和日本的「鮨」是不同種類的食物。「Shiromiso-Zouni」是白味噌湯，大阪、京都那一帶的白味噌，顏色真的是乳白色，味道比關東地區的白味噌甜。

本地人氣料理的「御好燒」、「章魚燒」在日本全國各地很常見，種類非常多，台灣稱「章魚燒」為「章魚小丸子」。就我個人口味來說，比起日本的「御好燒」或義大利的披薩，我最喜歡吃華人攤販賣的蔥油餅，所幸現在冷凍技術進步，我在日本也可以透過網路購得進口自台灣或大陸廠商的冷凍蔥油餅。

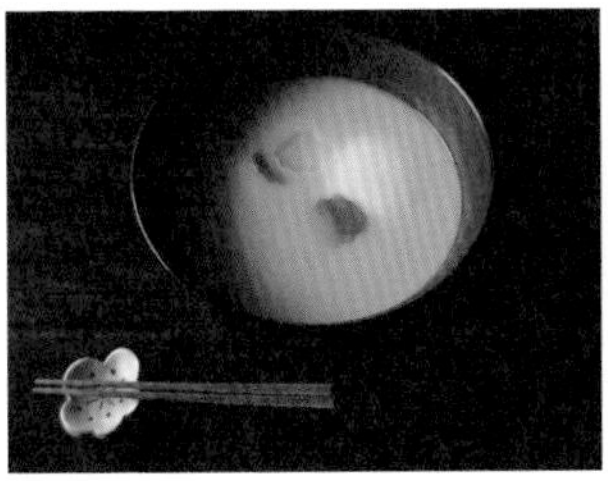

白みそ雜煮／Shiromiso-Zouni

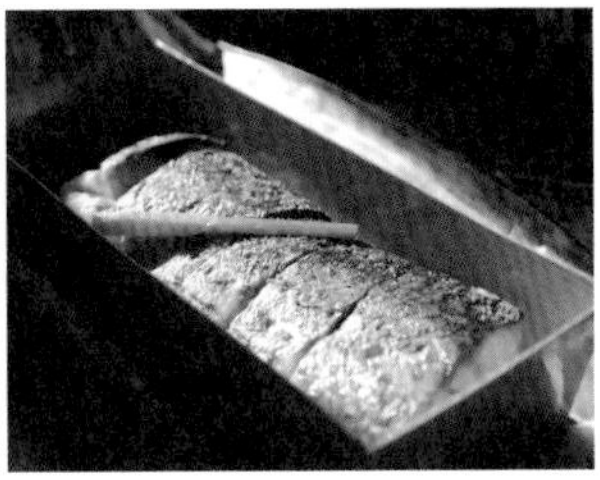

箱壽司／Hakozushi

日本著名歷史小說家司馬遼太郎（Shiba-Ryoutarou）於一九二三年八月生於大阪府大阪市，小學、中學、大學都在大阪度過，除了二次大戰時曾分配到外縣，他幾乎終生都住在大阪。三十六歲時榮獲直木賞，自此跨入專業作家生活，最後成為國民作家。筆名「司馬遼太郎」是「遠不及中國史學家司馬遷」之意。一九九二年二月驟逝，享壽七十二。由於他寫的歷史小說具有獨特的詮釋理論與強烈主觀，在日本文壇通稱「司馬史觀」，雖然他在作品中融入史實或大量參考資料，但他寫的作品是百分之百的虛構故事，而非史實；他自己也經常說，所有作品均為虛構故事，千萬別當做史實看。**《宮本武藏》**（Miyamoto-Musashi）的作者吉川英治（Yoshikawa-Eiji／一八九二～一九六二）亦為國民作家，生前也時常強調自己寫的作品是虛構故事而非史實，由此可見這兩位國民歷史小說家的厲害，即便寫的是虛構歷史故事，也能讓某些日本讀者誤以為是史實。

現實生活中的司馬遼太郎，有空時會出門旅遊採訪，其他時間均關在房裡趕稿。他在過世前一個月，仍為了第四十三集紀行系列隨筆，前往名古屋桶狹間古戰場進行採訪，內容是有關日本戰國時代織田信長、德川家康等人的歷史隨筆，回來後不久即驟逝，因此這部書沒寫完，成為他的最終

遺作。生前的司馬遼太郎將日常生活繁雜瑣事全交給司馬夫人包辦，自己則窩在古今中外的歷史洞窟內，一心一意地描繪他的歷史曼荼五彩圖，但偶爾也會離開洞窟到凡塵廚房做飯，這就很有趣了。

據說，司馬遼太郎的拿手菜是炒飯和雞蛋蓋飯。炒飯和一般炒飯不一樣，是用牛肉、馬鈴薯、青椒、甘藍、生薑炒成，調味料是鹽、胡椒、醬油、旨味粉。雞蛋蓋飯做法則很簡單，只是把雞蛋打碎，再加入醬油、砂糖、酒，用小鍋煮到半熟程度，最後蓋在熱飯上即可。吃過這道司馬雞蛋蓋飯的出版社編輯都說，美味得令人難忘。

たこ焼き／Takoyaki

兵庫縣
（ひょうごけん／Hyougoken）

｜人口｜
約**560**萬

兵庫縣北部古名「**但馬**」（Tajima），是日本本州唯一南北均濱海的縣，北臨日本海，南接太平洋。縣廳所在地神戶市（Koubeshi）是港口城市，具有獨特國際色彩，與中國天津市是友好城市，曾在二○○七年入選美國《**富比士**》（Forbes）雜誌的「全球最乾淨城市排行二十五」名單內，當時位居首位的是加拿大卡城（Calgary），亞洲方面只有日本三個城市入選，福井縣勝山市（Katsuyamashi）排行第九，神戶市則與福岡縣大牟田市（Oomutashi）同為第二十五名。神戶市南京町（Nankin-Machi）和橫濱中華街是日本兩大唐人街。西南部姬路市（Himejishi）姬路城（Himejijou）為日本國寶，亦是世界文化遺產之一。東南部寶塚市（Takaradukashi）有只限未婚女子組成的寶塚歌劇團，許多日本著名女演員都是寶塚歌劇團出身。

神戸牛ステーキ／Koubegyu-Sute-Ki

鄉土料理：

牡丹鍋（Botannabe）、**いかなごのくぎ煮**（Ikanago-no-Kugini）。

本地人氣料理：

明石焼き（Akashiyaki）、**神戸牛ステーキ**（Koubegyu-Sute-Ki）。

「牡丹鍋」是山豬肉火鍋，山豬肉切成薄片盛在大盤子，看上去很像牡丹花，才取名為「牡丹鍋」。「Ikanago-no-Kugini」食材是瀨戶內海捕獲的玉筋魚（Ikanago）魚苗，捕獲時期自二月末起，僅限一個月，將三、四公分長的魚苗用醬油、味醂、砂糖、薑等紅燒後，形狀類似生鏽的彎鐵釘，所以取名為「釘煮」（Kugini），可長期保存。

本地人氣料理的「明石燒」正是「章魚燒」鼻祖，但當地人不稱「明石燒」，而通稱「玉子燒」（Tamagoyaki）。神戶牛（Koube-Gyuu）的正式名稱是但馬牛（Tajima-Ushi），與滋賀縣近江牛（Oumi-Gyu）、三重縣松阪牛（Matsusaka-Ushi）並稱日本三大高級和牛。神戶牛排聞名全世界，等級審查條件極為嚴格，四、五級以上的神戶牛肉紋理類似精緻的大理石，日語稱為「霜降」（Shimofuri），吃起來鮮嫩得可以入口即化，香而不膩，只是價格恐怕也是全世界最昂貴的。

在關東人眼裡看來，京都、大阪、神戶這三大城市是關西共和國，但不知為何，這三大城市之間交情不好。尤以京都人為甚，很討厭外縣人視他們為關西人，只是從我們關東人的地理位置看去，京都不但處於關西，而且三大城市各有特色，是關東人愛去的觀光地區，既然是同一個共和國，京都人幹嘛老是敵視大阪和神戶？我去過幾次京都，當地人講的日語明明是關西話，跟關東地區的標準語（普通話、國語）完全不同，何必自命清高？不過，借用京都人的話來說明，原因在於大阪時常改街名、町名，是個輕視歷史文化的城市；而神戶則是個只會虛飾外表、追求時髦的城市。反之，大阪人和神戶人則認為京都是個光會死啃先人歷史遺產、不事生產的城市；好笑的是，大阪人視神戶為「過於時髦舶來的城市」，神戶人則認為大阪是個「土里土氣的城市」。

回頭來看東京，東京有競爭對手嗎？關東地區的東京都、神奈川縣、埼玉縣、千葉縣算是東京帝國首都圈，大部

明石焼き／Akashiyaki

いかなごのくぎ煮／Ikanago-no-Kugini

分縣民於白天都前往東京上班，應該沒有所謂的對抗情結吧？答案是NO。東京帝國首都圈中，唯一可以和東京對抗的是橫濱。橫濱的城市歷史雖淺，但在幕末或明治時代，許多先進觀念均由橫濱傳入日本，因此橫濱人的自尊心比東京人高，日本企業在實驗商品促銷活動時，也絕不會把橫濱看成東京的延長線。舉例來說，三代都在東京土生土長的人可以自稱為「**江戶子**」（Edokko／老東京），但橫濱也有「**濱子**」（Hamakko／老橫濱）之稱，埼玉縣、千葉縣則沒有類似稱呼。

其他地區也有地域性仇敵情結，例如九州鹿兒島過去曾和中央政府打了四次戰，對同樣是九州共和國的福岡人懷有警戒情懷，認為福岡是中央政府的狗腿子。不知是不是歷史背景之因，福岡人比較傾向東京，鹿兒島人則比較傾向大阪。東北地區的山形縣和秋田縣，自古以來便因海運和關西地區淵源甚深，有「東北的關西」之稱，但山形縣與大阪之間關係較親暱，而秋田縣則與京都是老交情，因此這兩縣的對抗意識也相當重。

牡丹鍋／Botannabe

奈良縣（ならけん／Naraken）

｜人口｜

約 **140** 萬

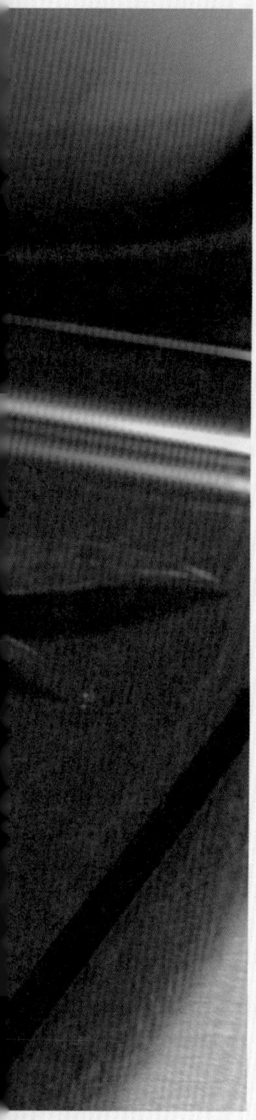

奈良縣古名「**大和**」（Yamato），簡稱「**和州**」（Washuu），是位於紀伊半島中央的內陸縣，在日本所有內陸縣中，面積最小，縣內可住地面積只占總面積百分之二三，排行全國末位。氣候與京都同為盆地氣候，冬寒夏熱。由於緊鄰大阪、京都，有三成左右的居民在白天到大阪、京都上學或上班，這些人通稱「**奈良府民**」（Narafumin），意思是雖為奈良縣民，但日常活動範圍都在大阪府、京都府，與埼玉縣、千葉縣、神奈川縣的「**都民**」（Tomin）同義，白天和夜間人口差距很大。縣廳所在地奈良市（Narashi）是著名的國際觀光城市，每年觀光客多達一千三百萬人，與中國

柿の葉壽司／Kakinohazushi

鄉土料理：

柿の葉壽司（Kakinohazushi）、**三輪素麵**（Miwa-Soumen）。

「柿葉壽司」是用具有防腐效果的柿葉包裹鹹青花魚或鮭魚的壽司，吃時通常須剝開葉子，只吃裡面的壽司，縣內主要車站或特快車內均買得到。「三輪素麵」是三輪地區的特產掛麵，已有一千二百年歷史，夏天可煮成涼麵，冬天亦可做成熱麵。

山西省西安市是友好城市。奈良公園東西長四公里，南北寬二公里，大部分是國有地，不但是日本規模最大的都市公園，園內亦有許多日本國寶和世界文化遺產，全天開放，免費入園。奈良公園最有名的動物是鹿，園內自由放養著一千二百頭鹿。

根據世界報業協會（World Association Of Newspapers, WAN）二〇〇八年調查統計，成人人口每千人的報紙發行份數居全球第一的是冰島（八八三份），接下來依次為丹麥（六四七份）、日本（六三〇份）、瑞典（六〇一份）、挪威（五八〇份）、瑞士（五七六份）、香港（五七〇份）、芬蘭（五四九份）、新加坡（五一〇份）、澳門（四九一份）。美國二二六份、法國二〇五份、德國二九二份、英國三五八份、韓國四〇九份、北朝鮮二五二份、中國一〇八份、印度一三五份、臺灣二三〇份。由上述數字看來，亞洲地區擁有最多訂報人口的國家是日本、香港、新加坡、澳門；其他排行前十名的大部分為北歐國家（以上數字均採四捨五入法）。

看了這份統計，我才明白香港為何有那麼多報紙專欄作家，原來閱報人數多，想必稿費也可以多領一些吧。那麼，日本國內呢？根據日本新聞協會二〇〇八年調查統計，日本全國發行的報紙種類是早、晚報成套的有四十三家，早報六十三家，晚報十五家，總計一二一家；總發行份數是五二三一萬份。

再來看看各縣的家庭訂報比率，也就是每家平均到底訂了幾份報紙。結果是奈良縣人居首位（一．三五份），其次為群馬縣（一．二〇份）、富山縣（一．一八份）、福井縣（一．一五份）、山形縣（一．一四份）。簡單說來，奈良縣人每家平均訂報份數是一份以上，意思是同時訂兩家或三家報紙的家庭甚多。我想起往昔為了給台北市進出口商業同業公會發行的《**貿易雜誌**》寫周刊專欄時，最高記錄是訂了四份報紙，所幸日本有用廢報紙換衛生紙的制度，否則一天四份報紙，積存下來真會令人發瘋。

外縣人對奈良縣人的整體印象是「悠閒自在，有些消極，但具有適應性」。依我過去的經驗，訂一份以上的報紙，目的在分析每家報紙對同一事件的看法與解說。由於每家報紙的立場不同，有時同一事件的報導寫法會給人完全兩樣的印象，始終固執於一家報紙，會掉入眼光短淺的陷阱。說起來，奈良縣的歷史文化比京都悠久，但實際前往奈良、京都旅遊時，我發現二者的城鎮氛圍真的不一樣，奈良確實會讓人覺得悠閒自在。

三輪素麵／Miwa-Soumen

和歌山縣（わかやまけん／Wakayamaken）

｜人口｜

約 **101** 萬

和歌山縣與三重縣南部古名「**紀伊**」（Kii），簡稱「**紀州**」（Kishuu），位於本州最南部，全縣面積有四分之三為林叢，自古以來素有「樹國」雅稱，濱海的西側則為變化多端的海岸線。縣內盛產水果，橘子、梅子、八朔（Hassaku／學名：Citrus Hassaku）產量均居日本全國首位，另一種柑橘類「Jabara」（學名：Citrus Jabara）產量則占全球第一位，全世界只有和歌山縣北山村（Kitayamamura）生產此柑橘。縣內的熊野三山（Kumano-Sanzan）、佛教聖地高野山（Kouyasan）均為世界遺產之一。南部的縣廳所在地和歌山市（Wakayamashi）與中國山東省濟南市是友好城市，而位於熊野川河口的新宮市（Shinguushi）則有徐福公園（Jofuku-Kouen），規模雖小，卻有徐福墓、徐福石雕像、中國式牌坊……中國色彩極為濃厚，免費入場，引來不少遊客。

鯨の竜田揚げ／Kujira-no-Tatsutaage

鄉土料理：

鯨の竜田揚げ（Kujira-no-Tatsutaage）、**めはり壽司**（Meharizushi）。

「竜田揚げ」是一種只用太白粉油炸而成的炸法，日本目前只剩和歌山縣一個小漁村太地町（Taijichou）仍傳承著日本古式捕鯨法。此漁村人口只有三千多人，據說往昔是日本商業捕鯨發祥地，但現在只准利用科學調查捕鯨範圍內的鯨魚肉。「Meharizushi」寫成漢字是「目張壽司」，是一種用鹹大芥菜包裹白飯的飯糰，本來是農民帶到山上或菜田當午飯吃的鄉土食品，由於飯糰很大，吃時必須把嘴巴張得瞪大眼睛，而且好吃得令人目瞪口呆，才取名為「目張」。

大部分現代人都知道腳氣病是缺乏維生素B_1而引起的一種全身性疾病，通常發生在以精白米為主食的地區，若不及時治療，有時會導致死亡。日本江戶時代直至明治時代，由於不知病因以及治療方式，始終視腳氣病為傳染病之一，江戶幕府三代將軍、十三代將軍、十四代將軍均因腳氣性心臟病而驟逝。

明治時代一八九四年七月的甲午戰爭持續了九個月，根據當時陸軍省醫務局編撰的**《明治二十七八年役陸軍衛生事績》**資料，據說出征人數約十八萬，戰死者一千四百多人，腳氣病死者四千多人，患者數四萬多。尤以翌年派駐臺灣的部隊最慘，罹患率高達百分之一〇七，死亡率是百分之十。而一九〇四年二月至一九〇五年九月的日俄戰爭，日本陸軍出征人數約百萬，陣亡者五萬多（可能也包括腳氣病死者），腳氣病死者將近二萬八千，患者數高達二十五萬。

現代有不少專家指稱造成此結果的「戰犯」是兩次戰爭均任職陸軍軍醫部長的森林太郎（Mori-Rintarou），他於甲午戰爭翌年也前往臺灣台北市任職總督府軍政部軍醫部長。日俄戰爭翌年更升任為陸軍軍醫總監，最後爬至軍醫最高地位的陸軍省醫務局長職位。奪去眾多士兵性命的「戰犯」到底是何方神聖呢？正是與夏目漱石並駕齊驅的明治文豪森鷗外（Mori-Ougai／一八六二～一九二二），換句話說，森鷗外的正職是軍醫，副業是作家。

森鷗外曾到德國留學了四年，由於他學的是德國醫學，堅持腳氣病是細菌感染，讓日本陸軍一直吃副食不充足的白米飯。然而留學英國五年的日本海軍軍醫副總監高木兼寬（Takaki-Kanehiro／一八四九～一九二〇），基於實證結果，主張腳氣病的原因是白米而實施麵包、白米混麥飯營養餐，結果海軍士兵死於腳氣病的人數果然非常少。海軍省醫務局編撰的《**日清戰役海軍衛生史**》記載，腳氣病患者三十四人，病死者一人；而《**日露戰役海軍衛生史**》則記載腳氣病發病者八十七人，病死者三人。雖然當時日本陸軍也有人發現麥飯可以抵制腳氣病，而且專門研究腳氣病的中醫也提出「原因在白米」的報告，可頑固的森鷗外始終拒絕外地兵將提出的麥飯提供要求，至死一直提倡白米至上論，並徹底嚴厲批駁高木。

總之，倘若森鷗外在日本文學史上沒留下任何功績，肯定早被批得一無是處。他至死都不承認麥飯功效的原因，可能跟當時的日本陸軍（專研德國研究醫學）與日本海軍（專研英國臨床醫學）之間的內鬨問題有關。此外，高木是薩摩派（出生於宮崎縣），森鷗外是長州派（出生於島根縣），正是這兩派打倒德川幕府革命成功，因此明治新政府的領導也大多是這兩派人，政治背景因素相當複雜。不過，儘管當時森鷗外在日本國內毫不留情地攻擊高木，日本醫學界也冷遇高木，高木發表的腳氣病論文在歐美諸國卻大受青睞，亦是日本第一家私立醫科大學創設者。坦白說，就醫學方面來講，後人對高木的評價遠超過森鷗外。

めはり壽司／Meharizushi

ちゅごくちほう

Chuugoku-Chihou

中国地方

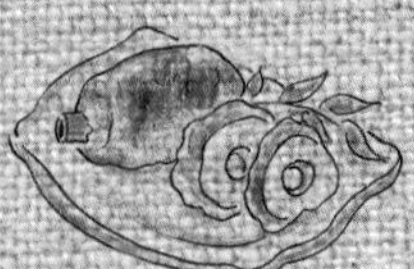

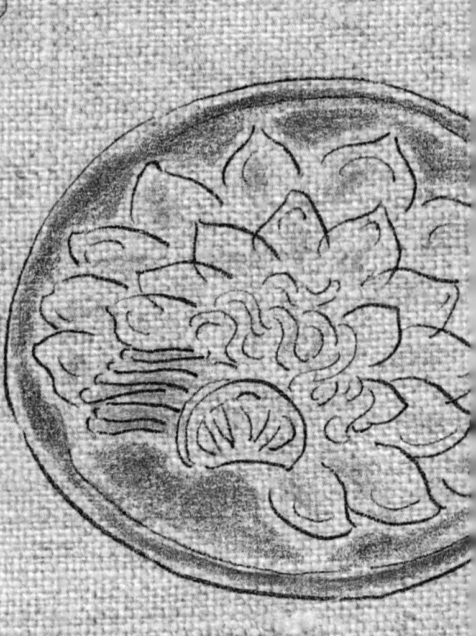

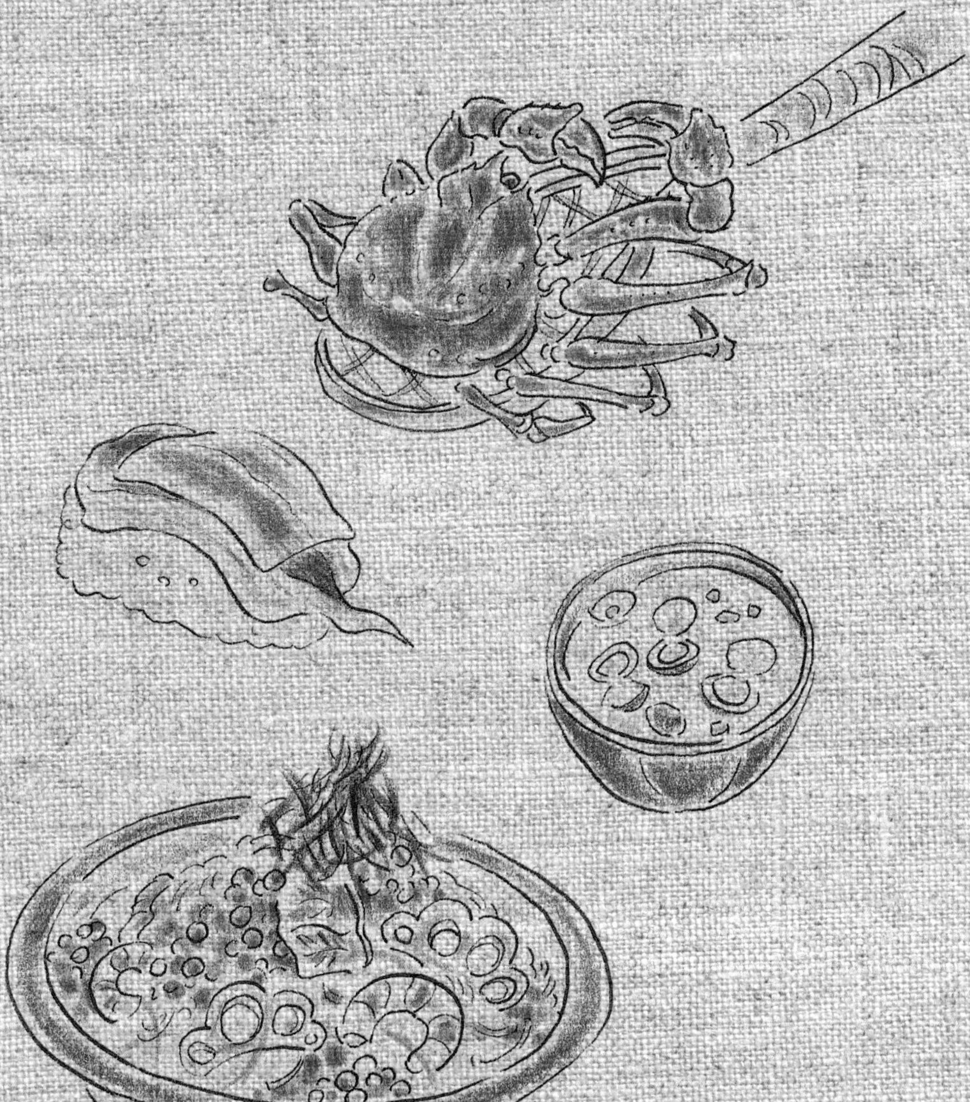

鳥取縣（とっとりけん／TOTTORIKEN）

|人口|

約**60**萬

鳥取縣由「因幡」（Inaba）、「伯耆」（Houki）兩國合併而成，東西狹長，面臨日本海，面積居日本全國第四十一位，而且九成是山地，人口是全國最少的一縣。冬季氣候屬豪雪地帶，夏季日照時間少，縣內盛產「二十世紀梨」（Nijisseiki-Nashi）和「**Zuwaigani**」（深海雪蟹／Snow Crab）。縣廳所在地鳥取市（Tottorishi）古時多湖泊、沼澤，有許多天鵝，紀元前第十一代天皇在此設置了以打鳥為生的鳥取部，地名沿用至今。鳥取市人口不及二十萬，市內卻有全世界規模最大的液晶工廠，另有聞名全日本的旅遊勝地鳥取砂丘（Tottori-Sakyu）和日本神話中的白兔海岸（Hakuto-Kaigan），因此雖為工業都市，但自然環境豐富，與中國河北省沙河市、江蘇省太倉市是友好城市。西部境港市（Sakaiminatoshi）是漫畫《**鬼太郎**》作者水木茂（Mizuki -Shigeru）的故鄉，

あごのやき／Ago-no-Yaki

鄉土料理：

かに汁（Kanijiru）、**あごのやき**（Ago-no-Yaki）。

「Kanijiru」是深海雪蟹味噌湯，想吃新鮮的深海雪蟹得在十一月至一月上旬捕獲期才能吃得到，其他季節均利用冷凍雪蟹，在縣內各種祭典活動中很常見，是當地的家庭料理，亦是當地人引以自豪的鄉土料理。「Ago」是方言，鳥取縣縣魚，即「飛魚」（Tobiuo），「Ago-no-Yaki」是用新鮮飛魚製成的「竹輪」（Chikuwa）。飛魚捕獲期是五月至七月，而「竹輪」是日本傳統食品之一，形狀為空心圓柱。

車站前有一條長約八百公尺的「水木茂大道」，馬路隨處擱著一百二十座妖怪青銅像，兩側都是賣妖怪商品的土產店，非常有趣。

我有時會突發奇想，人口六十萬、七十萬也能成一個縣？那乾脆把鳥取縣和島根縣合併成一縣，人口不就超過百萬了？反正「鳥」和「島」這兩個漢字乍看之下非常類似，而且兩縣毗鄰。待我日後實際前往這兩縣旅遊時，才發現我的想法太天真，倘若這兩縣真的合併成一縣，基於兩縣均為東西狹長的地形，住在東境的人想到西境的話，可能比關東人出國飛往韓國或臺灣更困難，因為路途實在太遙遠，唯一的優點是不像關東地區那般，無論開車到哪兒都會塞車。在這兩縣的沿海車道開車兜風，是一種享受。

鳥取縣男性做事謹慎，待人客氣，有耐性，但消

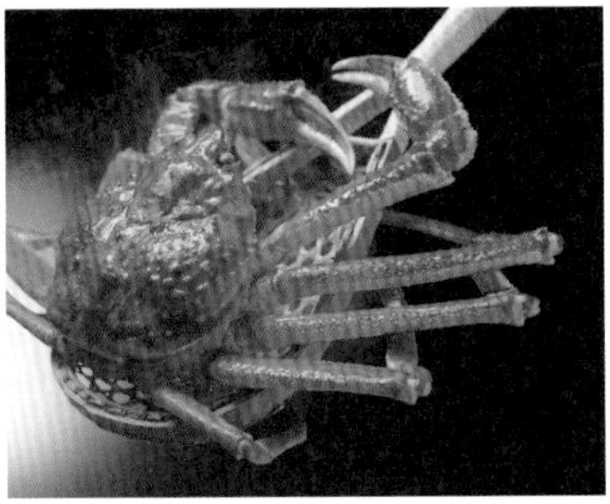

かに／Kani

極保守，尤以因幡地區的男性最保守，或許正因為如此，女性為了協助男性，大多能刻苦耐勞，西部地區的女性更是開朗大方，行動力很強。明治時代有許多鳥取縣人移民到北海道釧路（Kushiro）拓荒，所以北海道釧路市有不少冠「鳥取」的地名。此外，鳥取縣人的成人教育講座比率居日本全國首位。成人教育與學歷無關，而是社會人主動到各種文化中心接受外語、繪畫、書法、插花、茶道、社交舞、攝影、歷史等文化講座的終生學習。鳥取縣人的比率是十萬人中有一〇一一種講座，是日本全國平均數的五倍。

為何鳥取縣人如此努力汲取知識？這跟當地的歷史淵源有關。明治四年（一八七一），日本新政府為了實施中央集權，廢除了地方自治的藩國制。當時日本全國約有三百藩國，廢藩置縣法令等於一口氣解雇幾百萬武士階級的藩士，讓他們失去世世代代繼承的俸祿。此舉可說是明治維新最具魄力的改革政策。鳥取藩是個擁有因幡、伯耆兩國的大藩，穀物年產量約三十二萬五千石（一石為十斗、一八〇公升），藩內另有兩個支藩。這些藩士失去祖產、職業後，由於藩內沒有多餘農地讓他們轉行成為農民，他們只得靠知識為生（武士階級在當時是知識分子），此風土習慣似乎在現代鳥取縣人身上仍可發現。

島根縣（しまねけん／Shimaneken）

｜人口｜
約**72**萬

島根縣由「**出雲**」（Izumo）、「**石見**」（Iwami）、「**隱岐**」（Oki）三國組成，北臨日本海，歷史悠久，風景秀麗，東部出雲地區是古代日本最發達之地，亦是日本神話舞台，具有濃厚神祕色彩。日本最古老的神社之一「**出雲大社**」（Izumo-Taisha）是著名的姻緣神社，每年十月的「**神無月**」（Kannaduki），日本全國八百萬神都會聚集在此地當月下老人。戰國時代後期至江戶時代初期，日本國內規模最大的銀礦山「**石見銀山**」（Iwami-Ginzan）是世界文化遺產之一。縣廳所在地松江市（Matsueshi）是水鄉，夾在日本第七大湖宍道湖（Shinjiko）與第五大湖中海（Nakaumi）之間，市內有古城松江城（Matsuejou）和小泉八雲（Koizumi-Yakumo）舊居，亦有《**枕草子**》描述的日本三名泉之一的玉造溫泉（Tamatsukuri-Onsen），與中國浙江省杭州市、吉林省吉林市、寧夏回族自治區銀川市是友好城市。

しじみ汁／Shijimijiru

鄉土料理：

出雲そば（Izumo-Soba）、**しじみ汁**（Shijimijiru）。

「Izumo-Soba」是出雲蕎麥麵，聞名全日本，麵條色澤比一般蕎麥麵黑，香味亦濃，嚼頭十足。「Shijimijiru」是蜆貝湯，宍道湖特產的「大和蜆」（Yamatoshijimi）既黑又大，是宍道湖七珍之一，可煮成清湯，亦可做成味噌湯。

島根縣縣花是牡丹，東部中海的大根島（Daikonjima）更是聞名全日本的牡丹花產地。大根島很小，東西三．三公里，南北二．二公里，全島周圍僅有十二公里，但由於地質是火山灰弱酸性土壤，很適合栽培牡丹，栽培歷史已有三百餘年。基於牡丹品種改良技術發達，目前大約有二五○品種，牡丹苗產量居全世界第一，年產量約一八○萬株，其中百分之三十均出口至中國、美國、荷蘭等國家。除了牡丹，當地亦是日本三大人蔘產地之一，其他兩地是長野縣丸子町、福島縣會津若松市。

我記得以前幾度到會津若松市旅遊時，看過許多賣人蔘的小販，當時小販對我說，韓國賣的人蔘有不少是自日本進口再冠上「高麗人蔘」品牌的。我不知道小販說的到底是真是假，總之，會津若松市確實是

出雲そば／Izumo-Soba

日本國內著名的人蔘產地之一。

島根縣人一般都很勤奮，尤其島根縣女性算是日本僅存的「**大和撫子**」（Yamato-Nadeshiko）。「大和」當然是大和民族，「撫子」是石竹花，表示外柔內剛的女性，亦為日本男性憧憬的女性形象。往昔曾流行過一句俗話：「**住美國洋房，吃中國菜，娶日本妻子。**」這句俗話中的「日本妻子」指的正是「大和撫子」。不過，這算是百年前的落伍觀念，「大和撫子」在現代日本早已成為稀有生物，但島根縣出雲那一帶的女性大部分都有資格冠上「大和撫子」之稱。這也跟當地的歷史淵源有關。

大和民族於四世紀末征服出雲那一帶之前，出雲已自成一個小國家，具有獨自文化。之後，一直隱沒在大和朝廷歷史舞臺幕後，明治維新以後，也因地理位置與外界交流甚少，因此保存了許多古代風俗，女性受外界刺激較少，從小就接受三從四德家庭教育，婚後大都能忍耐丈夫的惡行，所以離婚率亦居日本全國倒數第二位（離婚率最低的是新潟縣）。她們對異性的要求條件不高，通常比較喜歡跟同縣男性結婚，也就是她們從小接觸習慣的爸爸形象男人——做事認真、行動穩重、具有知性。

岡山縣

（おかやまけん／Okayamaken）

人口

約**194**萬

岡山縣古名「**吉備**」（Kibi），分為「**美作**」（Mimasaka）、「**備前**」（Bizen）、「**備中**」（Bicchuu）三國，南部面臨瀨戶內海（Setonaikai），縣內有九十多個大小島嶼，名勝古蹟很多，是日本民間故事桃太郎的發源地。縣廳所在地岡山市（Okayamashi）有日本三名園之一的後樂園和古城岡山城（Okayamajou），與中國河南省洛陽市、台灣新竹市是友好城市。毗鄰的倉敷市（Kurashikishi）保存眾多日本傳統建築物，連結日本本州、四國的瀨戶大橋（Seto-Oohashi）也在此。橫溝正史（Yokomizo-Seishi）的《**金田一耕助**》（Kindaichi-Kousuke）系列作品，舞臺多為岡山縣。

岡山ばら壽司／Okayama-Barazushi

鄉土料理：

岡山ばら壽司（Okayamabarazushi）、**ままかり壽司**（Mamakarizushi）。

「Okayamabarazushi」是在醋飯盛上許多海鮮時蔬，類似散壽司，別稱「岡山壽司」，是當地人逢喜事時不可欠缺的鄉土料理。「Mamakari」是「好吃得必須到鄰家借飯」之意的方言，是一種用壽南小沙丁魚（Japanese Shad）做成的握壽司，最美味的時期是產卵前的六月。

內田百閒（Uchida-Hyakken／一八八九～一九七一）是岡山市大財主釀酒鋪獨生子，小時候深受祖母和母親溺愛，過慣飯來張口，茶來伸手的日子，或許是這種嬌生慣養的環境造成他日後任性豪侈的個性。高中時因父親過世，家道中落，明明家中經濟不好，卻改不掉今朝有錢今朝花的習性，導致他終生被窮神附體，是日本文壇著名的告貸狂。有趣的是，他從來不向有錢人借錢，而是專找比他更窮的人。

畫伯津田青楓（Tsuda-Seifuu／一八八〇～一九七八）曾在隨筆〈百鬼園的啤酒費〉中，抱怨內田百閒在橫須賀海軍機關學校任職德語教師時，有一天下班搭電車到江戶川終站，在車站前又坐人力車回家。內田到家後，因口渴而問妻子有沒有啤酒可喝，妻子說沒有，他就在名片上寫了借條叫妻子前往住在同一町內的津田家借錢。內田要借一圓二十錢，而當時津田家只有二圓九十錢，如果借出一圓二十錢，津田家便只剩一圓七十錢，結果津田夫人借給內田夫人一圓。津田憤慨地說：「跟內田相比，我只是個窮畫家，他算是大名（諸侯）身分，哪有身為大名身分的人竟為了啤酒費而向後輩窮畫家借錢的？」但津田罵歸罵，仍把辛辛苦苦存下的生活費借給內田買啤酒喝，可見內田百閒的浪費癖雖讓周遭人頭痛，卻沒人打心底嫌棄他。用現代形容詞來比喻的話，內田應該是那種令人哭笑不得的天然呆性格，這大概跟他的成長環境有關，大凡在優渥家境成長的人，心思都比較單純，說話做事沒心眼兒，胸無城府，反而不會惹人嫌。

內田百閒於二十一歲時成為夏目漱石門生之一，但他或許自知永遠無法超越夏目漱石與同為夏目漱石弟子的後輩秀才芥川龍之介，因此年輕時雖也寫過小說，不過著名作品大部分均與吃食、煙酒、旅遊、哭窮、愛貓有關的隨筆集。他在四十四歲時才出版了印次十數次的暢銷作**《百鬼園隨筆》**，之後辭掉教職，專職寫作。「百鬼園」（Hyakkien）是他自己取的別號。

這位文筆幽默的老先生，雖然寫了不少與吃食有關的隨筆，卻非真正的美食家，只是貪嘴好吃而已。或許正因為並非美食家，他的飲食隨筆從來不提食物的歷史、來源、知識，或必須花大鈔才吃得到的山珍海味，而是隨想隨寫。既然是寫飲食隨筆的文士，他當然也會下廚，亦有自己發明的創作料理。其中最拿手也最喜歡的下酒菜是「馬鈴薯炸丸子」，做法是先將馬鈴薯煮熟碾碎，加鹽、胡椒調味，揉成大拇指大小的丸子，再依次蘸麵粉、蛋汁、麵包粉，最後油炸而成。用現代常見的食品來形容，就是介於可樂餅和薯條之間。我個人不喜歡吃可樂餅，更討厭吃薯條，總之，基本上不吃馬鈴薯之類的料理，但用這種製法現炸現吃的話，確實可以連續吃一、二十個都沒問題，是夏天喝生啤酒時的最佳下酒菜。小朋友可以蘸蕃茄醬當零食吃。

ままかり壽司／Mamakarizushi

廣島縣（ひろしまけん／Hiroshimaken）

｜人口｜

約**286**萬

廣島縣西部古名「**安芸**」（Aki），東部古名「**備後**」（Bingo），位於岡山縣左鄰，同樣面臨瀨戶內海，縣內有一百四十多個島嶼，西部有兩處世界文化遺產嚴島神社（Itsukushima-Jinja）、原爆ドーム（Gennbaku-Do-Mu／原爆圓頂），國際知名度非常高。縣廳所在地廣島市（Hiroshimashi）是日本國內反核與和平活動的中心地，與中國重慶市是友好城市。東部福山市（Fukuyamashi）有座東西長十公里、南北寬十公里的沼隈半島（Numakuma-Hantou），半島南端有個小海灣，名為「**鞆の浦**」（Tomo-no-Ura），那一帶的國立公園是日本國家指定名勝，風景非常優美。據說宮崎駿極愛此地景色，於二〇〇五年春季在此租了一棟房子，過了兩個月的自炊日子，三年後再以此為背景，製作了票房超過一千二百萬人次的動畫《**崖上的波妞**》。

牡蠣の土手鍋／Kaki-no-Dotenabe

鄉土料理：

牡蠣の土手鍋（Kaki-no-Dotenabe）、**あなご飯**（Anago-Meshi）。

本地人氣料理：

廣島風お好み焼き（Hiroshimafu-Okonomiyaki）。

廣島盛產牡蠣，產量居日本全國首位。廣島的著名鄉土料理「牡蠣の土手鍋」跟一般火鍋不一樣，是先在沙鍋內側塗上一層類似「土手」（Dote／河堤）的味噌，鍋內放牡蠣、豆腐、蔬菜，煮熟後準備吃時再攪拌鍋內的味噌調味。「Anago」是星康吉鰻（學名：Conger Myriaster），「Anago-Meshi」跟鰻魚蓋飯類似，不過脂肪比鰻魚少。本地人氣料理的「廣島風御好燒」和關西地區的御好燒不同，特色是煎成兩片薄皮，中間再夾炒麵或炒烏龍麵，分量大，沾醬甜濃。

提到廣島，我首先聯想到的並非世界遺產之一的原爆圓頂，而是與日常生活息息相關的百圓商店。百圓商店的龍頭老大是大創（Daiso）產業，總公司在東廣島市。除了日本國內，韓國、台灣、香港、新加坡等均有分店，國內連鎖店總計約二五七〇家，海外二十四國有五一〇家。東京JR町田車站前的店鋪占地二千坪、門市五樓，已經超越百圓商店的規模，足以與百貨公司媲美。大創的商品大致有九萬種，據說都是自家獨創商品，而且每個月有七百至一千種新商品上市，所以消費者即便看中某個商品，但下次到商店去買時可就不一定能買得到，因為很可能已經作廢改為其他新商品。我是大創的老顧客，經常去買文具、園藝、廚房用品，尤其是剪刀、裁紙刀或不鏽鋼刀叉盤子類的商品，總讓我暗地讚歎他們怎能把品質不輸於國際名牌的商品價格壓到如此低。

除了日用品，大創也參與出版，最暢銷的出

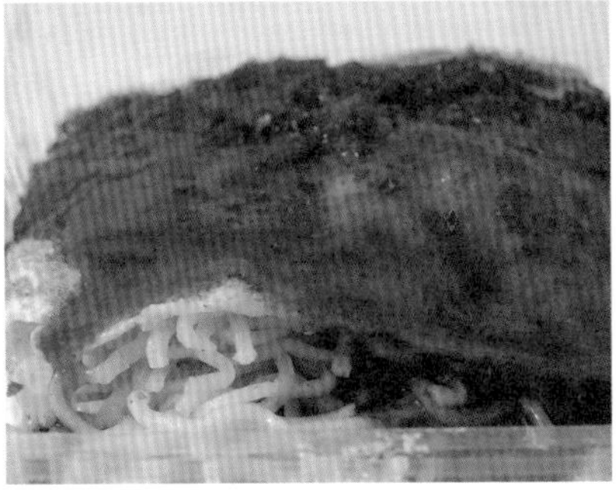
廣島風お好み焼き／Hiroshimafu-Okonomiyaki

あなご飯／Anago-Meshi

品是地圖。雖然是閱讀物，但大創依然不改出手大方的慣例，第一版便是六百萬冊。保存這些商品的庫存倉庫散見於全國各地，庫存量相當於兩個東京巨蛋。地圖以外的讀物呢？例如推理小說系列，第一版便是十萬冊。推理小說中不但有已經絕版的小說，也有著名作家以其他筆名寫的小說。一般說來，即便擁有多數固定讀者的推理作家，單獨成立的非系列書籍單行本（Tankoubon）初版（通常是精裝本）大多只刷數千冊而已，倘若賣得好，之後再製成可以隨身攜帶的廉價迷你文庫本（Bunkobon），若銷量不好，幾年後便會落入絕版的命運。那麼，作者拿已經絕版的作品到大創自薦，或著名作家用其他筆名賺外快的例子也就不足為奇了。另一種暢銷品是迷你辭典、旅遊導覽、料理指南、運勢占卜之類的書籍，這類書籍不但內容豐富，彩照也很多。

我平日都盡量克制自己不要逛百圓商店，因為那地方會中毒，明明只是想去買些無關痛癢的小玩意，預算也頂多不到一千日圓，結果挽著籃子到收銀台結帳時，總會發現原來我買了二、三十項東西。有些的確是家中剛好缺用的，但大部份都是「或許哪天用得著」的小玩意。而這些「或許哪天用得著」的小玩意又往往是「永遠用不著」的小玩意。雖然我時常警告自己少逛為妙，然而，悲哀的是，我始終無法抵擋百圓商店的誘惑，如今仍是大創的老顧客之一。

山口縣（やまぐちけん／Yamaguchiken）

|人口|
約 **146** 萬

山口縣東部古名「**周防**」（Suou），西北部古名「**長門**」（Nagato），位於本州最西端，三面環海，北臨日本海，南濱瀨戶內海，緊鄰九州的西側是「**響灘**」（Hibikinada），自古即為水產大國。氣候溫暖，颱風、洪水、地震等災害較少，海岸線長達一千五百公里，三面海岸景色均各有千秋，沿海、近海分布近二百四十個島嶼。總面積約七成是森林，縣名「山口」的意思是「山地、森林入口」，古名「**長州藩**」（Choushuuhan），與鹿兒島縣「**薩摩藩**」（Satsumahan）同為明治維新主導國，政治家、首相輩出，光是首相就出現過八人，明治維新之前是農業縣，現在則為工業縣。下關市（Shimonosekishi）是著名觀光地區，年觀光客超過六百萬；縣廳所在地山口市（Yamaguchishi）則為溫泉鄉，與中國山東省濟南市、濱州市鄒平縣是友好城市。

河豚料理／Fugu-Ryouri

鄉土料理：

河豚料理（Fugu-Ryouri）、**岩国壽司**（Iwakunizushi）。

下關市盛產河豚，已有三千多年歷史，產量占日本全國八成。河豚調理方式各式各樣，最有名的是「薄作り」（Usudukuri），將河豚肉切成透明的薄薄小片，菊花般排在青花紋大圓盤上，非常漂亮；價格最昂貴的則是河豚精巢「白子」（Shirako）。「岩國壽司」是日本所有押壽司中最豪放也最華麗的一種，盛壽司的木框約六十公分見方，高五十公分，最多一次可做一百五十人份，通常是三層或五層。據說起初是藩主為了讓藩士可以帶進山城當午飯便當，命藩御廚發明出的，因此別稱「殿樣壽司」（Tonosamazushi），殿下大人壽司之意。

日本人一提到河豚，必定會聯想到下關市。前面提過下關市河豚產量占日本全國八成，此處的「產量」並非等於漁獲量，而是指聚集加工量。真正的天然河豚捕獲量居日本全國第一的是長崎縣，其次是福岡縣、愛媛縣、熊本縣，第五位才是山口縣；養殖河豚漁獲量居全國首位的也是長崎縣，其次是熊本縣、愛媛縣、香川縣、鹿兒島縣……山口縣居第八位。那為何其他縣的河豚都聚集在下關市呢？因為河豚有毒，須由具有特殊加工技術與擁有專門知識經驗的人來處理，而此技術又非一年半載便能習得。基於日本的河豚歷史淵源（請參考《江戶日本》〈河豚與偷情〉），這些技術人員都在下關市，因此儘管其他縣的河豚捕獲量比山口縣多，也只能把河豚送到下關市加工處理後再出貨上市。

岩國壽司／Iwakunizushi

白子／Shirako

下關市另有一項聞名全日本的食品——瓶裝酒漬海膽醬。下關市並非海膽盛產地，海膽產量居日本全國首位的是北海道，山口縣居第五位，而且兩者之間的產量差距是十六倍。那為何下關市的加工海膽產量居日本全國首位呢？理由跟河豚一樣，均因為加工技術。下關市西北邊海上有個離陸地五公里左右的小島，名為六連島（Mutsurejima），面積僅有〇．六九平方公里，島上有竣工於一八七二年的日本第一座燈臺，這座燈臺亦是下關市指定文化財，而此小島正是加工海膽發祥地。

話說六連島燈臺竣工後，許多外國船頻繁出入下關市。某天，有幾位外國人前往六連島的寺院，與寺院住持吃飯聊天，其中一位外國人在倒酒時，不小心把酒灑入住持的小盤子，小盤子內盛的正是新鮮海膽。住持默不作聲照舊與客人談笑，後來吃了那盤被客人誤灑入酒的海膽，住持才發現浸了酒精的海膽非常美味。這就是六連島海膽醬的起源。由於是加工品，所以日本全國各地超市都能買得到以獨特祕方製成的七角形瓶裝六連島海膽醬。

河豚鍋／Fugunabe

しこく
Shikoku

四国

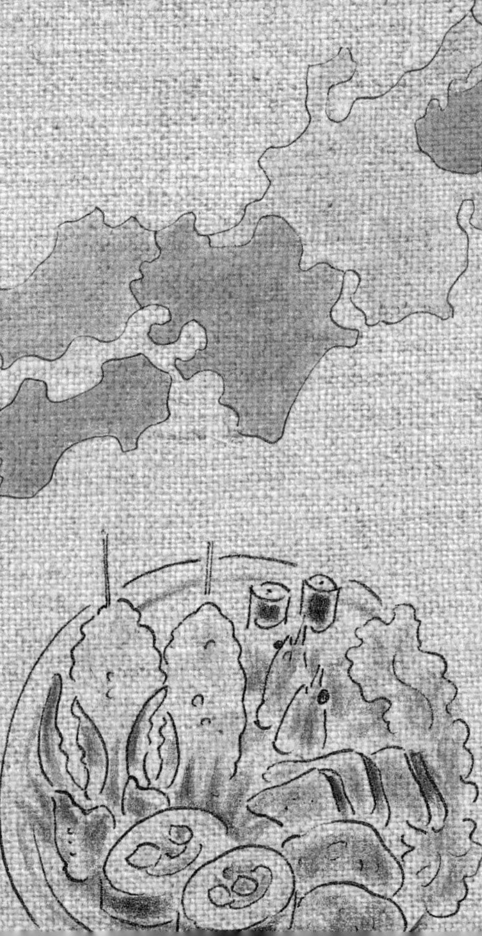

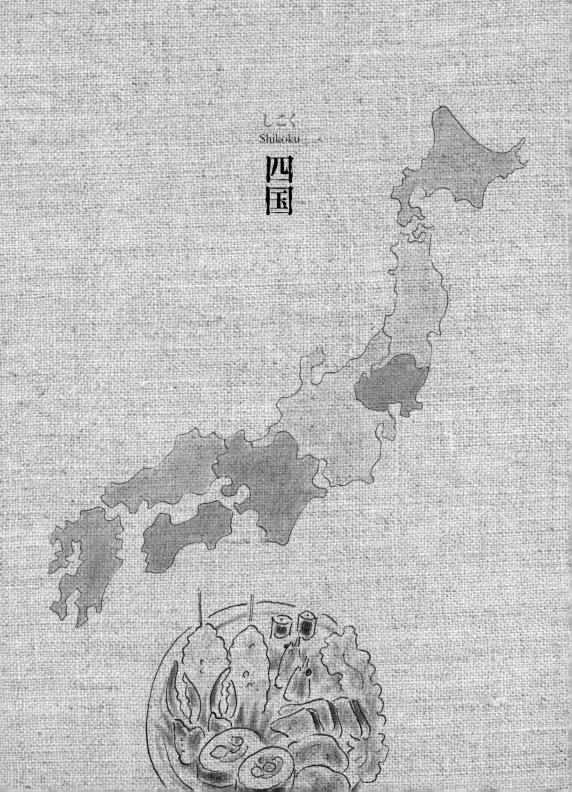

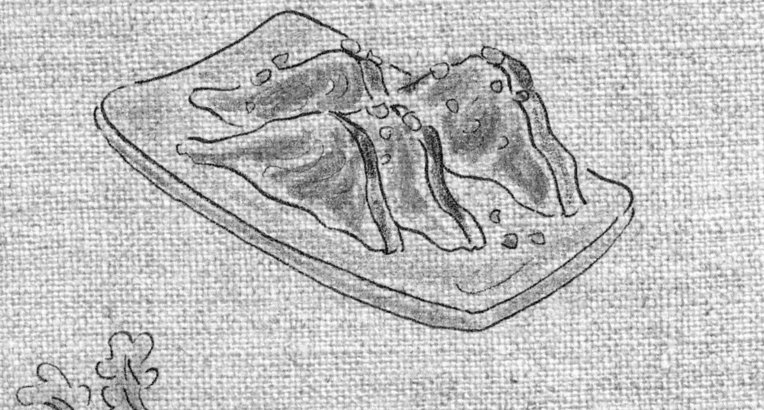

德島縣（とくしまけん／Tokushimaken）

| 人口 |
約79萬

德島縣位於四國東部，古時盛產粟子（小米），因此古名稱為「**粟／阿波**」（Awa），日本傳統藝能之一的「阿波踊」正是出自德島。發音與「阿波踊」一樣的德島土雞「**阿波尾雞**」（Awaodori），上市量、市場占有率均超過日本三大名土雞（名古屋土雞、秋田縣比內雞、九州薩摩土雞），居全國首位。縣廳所在地德島市（Tokushimashi）有水都美譽，市內有一三八條河川，為四國地區規模最大的都市，與中國遼寧省丹東市是友好城市。縣內最著名的旅遊景點是鳴門海峽（Naruto-Kaikyou），由於太平洋和瀨戶內海水位相差一公尺以上，海峽寬度又很窄，會發生時速十三至十五公里的潮流以及最大直徑約二十公尺的漩渦。自遊覽船或海峽上的吊橋大鳴門橋（Oonarutokyou）可以看到漩渦。

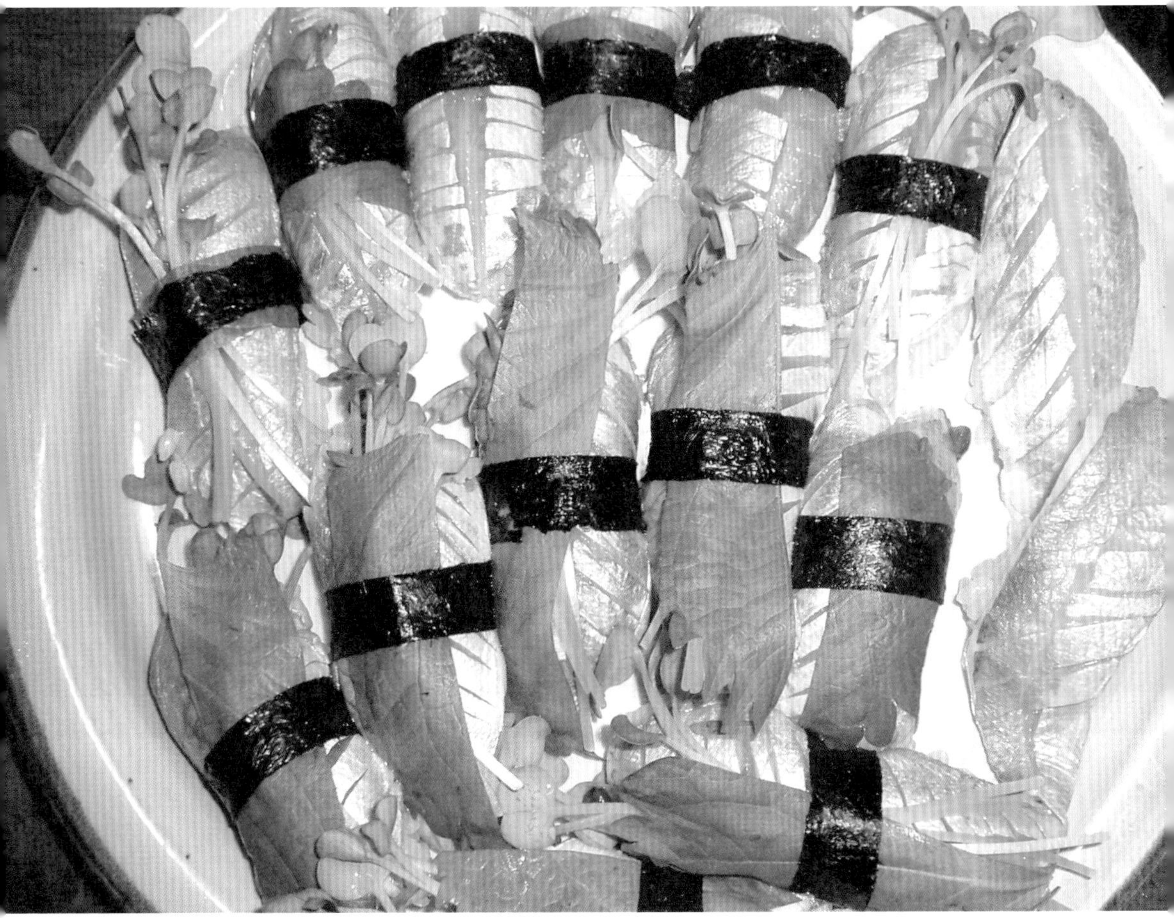

ぼうぜの姿壽司／Bouze-no-Sugatazushi

鄉土料理：

蕎麥米雜炊（Sobagome-Zousui）、**ぼうぜの姿寿司**（Bouze-no-Sugatazushi）。

「蕎麥米」是將蕎麥種籽煮熟曬乾再脫殼的蕎麥粒，「雜炊」是稀飯、泡飯。德島縣不適合種稻，往昔通常以蕎麥代替稻米，但直接用蕎麥粒煮成稀飯則是德島縣獨特的吃法。據說起源是平安時代末期源平合戰時，敗給源氏（源賴朝／Minamoto No Yoritomo）的一部分平氏（平清盛／Taira no Kiyomori）武士集團潛逃至德島縣三好市，因思念京城而用蕎麥粒做成元旦料理。如今蕎麥粒已成為全國性建康食品，「蕎麥米雜炊」則成為傳承千餘年的德島縣鄉土料理。「Bouze」是方言，亦即關東話的「エボダイ／Ebodai」，中文是刺鯧；「姿壽司」（Sugatazushi）是留下整條魚形的押壽司，這種壽司在德島縣車站前或超市很常見，是德島縣人的家庭料理之一。

日本有三條每年都會因洪水而泛濫的河川。一條位於關東平野，全長三二二公里，流域包括長野縣、群馬縣、栃木縣、茨城縣、埼玉縣、千葉縣、東京都的利根川（Tonegawa）；另一條是九州地方規模最大，全長一四三公里，流域包括熊本縣、大分縣、福岡縣、佐賀縣的筑後川（Chikugogawa），第三條則為四國的吉野川（Yoshinogawa），全長一九四公里，流域包括德島縣、高知縣。有趣的是，此三條河川各有別稱，利根川通稱「**坂東太郎**」（Banndoutarou），筑後川通稱「**筑紫次郎**（二郎）」（Chikushijirou），吉野川通稱「**四國三郎**」（Shikokusaburou）。由太郎、次郎、三郎之暱稱也可以猜得出日本

蕎麥米雜炊／Sobagome-Zousui

人將此三河川比喻為三兄弟，而且是狂暴得沒人能馴服的三兄弟。據說這三個通稱在江戶時代便有了，「坂東」指的是關東地區，太郎是長男；「筑紫」是筑紫平野，次郎是老二；四國的吉野川則是老么。但這三個通稱並非表示其河川長度、流域面積均居日本全國第一、第二、第三，而是指狂暴性。

三兄弟中排行老么的吉野川，水質優良，是淡水魚女王香魚養殖名產地。由於用的是成分與天然香魚吃的藻類很相近的高級飼料，所以即便是養殖香魚，味道與天然香魚無異，算是半天然香魚。

德島縣人很勤奮，善於存款，不喜負債，但對建康方面則出手豪闊。根據日本總務省統計，德島縣人的健保醫療費居日本全國首位，諷刺的是，死於糖尿病的人口比率也居全國首位，高血壓死亡人數居全國第三位，癌症死亡人數居全國第十三位。德島縣人是現實主義者，而且根據NHK調查統計，縣民彼此間的競爭意識非常強烈，不知是否如此，德島縣的女性社長人口比率居日本第一。可能是縣民彼此間競爭意識過於強烈，疾病死亡率也較高吧，唯一能發洩平日積壓的精神壓力活動正是聞名全日本的「阿波踊」祭典。而日本最長壽的地區沖繩縣，所花的健保醫療費反倒居全國倒數第一位。

香川縣（かがわけん／Kagawaken）

人口

約100萬

香川縣北部濱瀨戶內海，地形呈半月形，海岸線長，有眾多小島，其中以盛產橄欖的小豆島（Shoudoshima）最有名，是日本國內面積最小的縣。瀨戶內海有三千島嶼，小豆島是第二大島，島上有海拔八一七公尺的星城山（Hoshigajousan），在山頂可以瞭望瀨戶大橋、大鳴門橋、明石海峽大橋。香川縣最著名的旅遊景點正是瀨戶大橋，由斜張橋、吊橋、桁架橋等六座橋梁組成，大橋在海中連結五座小島，非常壯觀，其中最長的吊橋長達一一〇〇公尺，居世界第一。縣廳所在地高松市（Takamatsushi）與中國江西省南昌市是友好城市。

讃岐うどん／Sanuki-Udon

鄉土料理：

讃岐うどん（Sanuki-Udon）、**あんもち雜煮**（Anmochi-Zouni）。

香川縣古名「讚岐」（Sanuki），縣民特愛吃烏龍麵，每人一年的平均消費量約二三〇碗，居日本第一，產量也居日本全國首位。「讚岐烏龍麵」在日本是名牌烏龍麵，咬勁很強，有各式各樣吃法。「Anmochi」是甜豆沙麻糬，「雜煮」是日本家庭的元旦料理湯汁，但香川縣的甜豆沙麻糬元旦湯汁很特殊。據說江戶時代的香川縣特產是三白：砂糖、鹽、棉花，其中砂糖是幕府進獻品，一般庶民很難買得到，因此便在元旦料理湯汁中放入甜豆沙麻糬以解饞。調料是白味噌，配料是紅蘿蔔、白蘿蔔，中央放個甜豆沙麻糬，就一般日本人看來，確實是一道很罕見的元旦料理湯汁。聽說香川縣人跟其他縣人結婚後，夫妻倆通常會在第一年的元旦因「雜煮」味道不同而吵架。

香川縣可以說是現代日本的縮圖，面積是日本全國最小的一縣，人口密度卻很高，縣民做事不會出大差錯，萬事都能抓住要領，待人接物態度親切，領會能力強，具有合作精神，進取性高……簡直是現代整體日本人氣質的縮圖。有不少外國人以為東京人代表整體日本人，但東京其實是個混血城市，三代都住在東京，並且從未到外縣工作的人，只占東京全人口的百分之十左右。說起來，東京跟其他國家的大都市一樣，大部分的新東京人均為冷靜的合理主義者，不喜干涉他人的私生活，更不喜他人干涉自己的私生活，外表看來外交性很強，卻鮮少吐露自己的內心世界。

又因為東京是最新資訊與知識的聚集地，新東京人老是懷有一種必須時常吸收新知識的強迫觀念，正因為這種孤獨感，才會萌生聞名全世界的「Otaku」文化。

香川縣人也很會存款，縣民間競爭性亦很強，不過他們缺乏德島縣人那種徹底隱瞞真心話的氣質，比較不會彼此扯後腿，所以香川縣人喜歡單獨一人便能成大業的技術性職業，例如工藝品之類。此外，可能基於地狹人多，他們對教育非常熱心，尤其是女性，即便學歷再高，在縣內也缺乏可以發揮能力的職場，只能早婚，把心力全花在教育兒女上，因此香川縣的學生學歷居日本全國第一。在香川縣的風俗習慣中，唯一跟日本格格不入的正是他們的甜豆沙麻糬元旦湯汁，一般日本人聽到這種元旦雜煮，通常都會皺起眉頭感覺很不可思議。

不過若想跟香川縣人交朋友，方法很簡單，只要向對方請教有關烏龍麵的問題即可。因為一提起烏龍麵的話題，每個香川縣人會當場化身為烏龍麵評論家，解說兼批評，談得頭頭是道。當然此時絕不能提起關東地區的醬油味烏龍麵，對他們來說，關東人吃的柴魚醬油湯汁烏龍麵根本不值一文。

あんもち雑煮／Anmochi-Zouni

愛媛縣（えひめけん／Ehimeken）

人口

約144萬

愛媛縣北濱瀨戶內海，西臨宇和海（Uwakai），四周有兩百多座島嶼，海岸線複雜綿長，變化多端，風景秀麗，尤以宇和海那側因鐵路、公路交通網不發達，觀光開發遲緩，留下許多未經人工破壞的自然景觀。縣內盛產奇異果、伊予柑（Iyokan），兩者產量均居日本全國第一。「**伊予**」（Iyo）是愛媛縣古名，在日本算是南國，但南部有陡峭的四國山地（Shikokusanchi），冬季也會下雪，而且中部內陸地區的久万高原（Kumakougen）因海拔高，降雪量大，有滑雪場。縣廳所在地松山市（Matsuyamashi）不但有建在海拔一三二公尺高山頂的國定重要文化財產松山城（Matsuyamajou），另有具有三千年歷史的道後溫泉（Dougo-Onsen）。夏目漱石的《**少爺**》和司馬遼太郎的《**坂上之雲**》均在道後溫泉構思撰寫出。

宇和島鯛／Uwajima-Tai

鄉土料理：

宇和島鯛めし（Uwajima-Taimeshi）、**じゃこ天**（Jakoten）。

宇和島市（Uwajimashi）位於愛媛縣南部，是日本著名的鬥牛城市，但日本的鬥牛與西班牙國技的鬥牛不同，是牛與牛互鬥，通常利用牛角彼此推擠角力再定輸贏。「Taimeshi」是鯛魚飯，用宇和海捕獲的新鮮鯛魚做成生魚片，再摻合特製佐料、生雞蛋、海藻、碎紫菜、芝麻、蔥花，最後盛在熱飯上。另有一種把整條鯛魚放入白米中一起煮熟的鯛魚飯。「Jakoten」寫成漢字是「雜魚天」，亦即雜魚天麩羅，但關西地區的天麩羅指的是油炸魚板，而愛媛縣的「雜魚天」食材是非常高級的「螢雜魚」（Hotarujako），學名Acropoma Japonicum，中文是「日本發光鯛」。「雜魚天」是將「螢雜魚」去掉魚頭和內臟後，再連皮帶骨磨碎製成魚漿，最後油炸而成。

就外縣人的立場看來，四國四兄弟的老大是愛媛縣，老二是香川縣，但這句話絕不能當著香川縣人面前說出，因為香川縣人認為四國最大城市是高松市，而非愛媛縣的松山市。至於當事者的愛媛縣人則不會跟香川縣人爭論，他們的文化意識非常高，是日本數一數二的俳句王國，松山市更是文人墨客聚集的城市，而且自然環境占優勢，溫泉、美食、歷史文化、明媚風光都聚集在愛媛縣。

事實上愛媛縣作家、歌人、俳人、藝術家輩出，諾貝爾文學獎獲獎者大江健三郎

宇和島鯛めし／Uwajima-Taimeshi

じゃこ天／Jakoten

（Ooe-Kenzaburou）、大正時代浪漫插畫家高畠華宵（Takabatake-Kashou／一八八八～一九六六）、聞名全世界的建築家丹下健三（Tange-Kenzou／一九一三～二〇〇五）、日本國內小說銷量居最高位的**《在世界的中心呼喊愛情》**的作者片山恭一（Katayama-Kyouichi）、推理小說作家天童荒太（Tendou-Arata）、大江健三郎的妹婿電影導演伊丹十三（Itami-Juuzou／一九三三～一九九七）等人均為愛媛縣人。縣內氣候溫暖，縣民氣質是典型的南國人，比沖繩縣人更南國。整體競爭性不強，視愛好、娛樂為重，閒暇時間都花在文藝、俳句、娛樂、戶外活動上。

附帶一提，往昔藝伎遊戲中最有名的「野球拳」（Yakyuuken），亦即現今的脫衣猜拳遊戲，發明者正是愛媛縣民。不過，愛媛縣的正宗「野球拳」玩法並非脫衣猜拳遊戲，而是類似德島縣阿波踊那種團體祭典舞蹈。總的說來，愛媛縣可以說是洗練高雅的成熟文化縣。

高知縣（こうちけん／Kouchiken）

人口
約78萬

高知縣古名「土佐」（Tosa），南臨太平洋，但山地占全縣總面積百分之八九，天災多發，實為山國。西部有日本最後一條清溪「四万十川」（Shimantogawa），全長一九六公里，是四國地區第二大河。縣內年日照時間超過二千小時，與宮崎縣並排日本第一、第二，在日本全國四十七縣中，僅有這兩縣年日照時間超過二千小時，比南國沖繩縣還要多，但高知縣年降水量亦居日本首位。縣內總產值居日本倒數第二，縣民平均收入居日本倒數第三，是個經濟規模很小的自治縣，縣財政指數居日本末位。農業發達，茄子、短小綠辣椒、薑、蘘荷、香橙、柚子產量均居日本首位，百合產量則居日本第二位。歷代志士輩出，明治維新的倒幕英雄坂本龍馬（Sakamoto-Ryouma）正是土佐人。當地的土狗四國犬（Shikokuken）也很有名，是國家指定天然保護動物。縣廳所在地高知市（Kouchishi）與中國安徽省蕪湖市是友好城市。

皿鉢料理／Sawachi-Ryouri

鄉土料理：

かつおのたたき（Katsuo-no-Tataki）、**皿鉢料理**（Sawachi-Ryouri）。

「Katsuo」是鰹魚，亦是高知縣縣魚。「Tataki」是將帶皮的厚魚塊用火烤熟表皮，再放進冰水裡泡，讓肉質繃緊，最後切成生魚片，撒上大量蔥花、蒜泥、紫蘇、山椒葉、蘘荷等香辛料，蘸橙醋吃，算是一種半生魚片料理。但高知縣的「Tataki」為了保持食材旨味，通常不放進冰水裡泡，有點微溫，別稱「土佐造」（Tosadukuri）。由於鰹魚腐敗速度快，先用火烤一次表皮，不但能保鮮，亦能將魚皮烤軟，起源於漁夫料理。「皿鉢料理」是用直徑四十公分以上的大盤子，各自盛生魚片、紅燒料理、壽司、水果、甜點，讓客人自己夾取到小盤子內，類似飯店的自助餐。

坂本龍馬於一八六四年在京都與阿龍認識後，兩人墜入情網，並介紹阿龍到寺田屋（Teradaya）旅館工作。該年正月，龍馬在寺田屋遭捕吏襲擊，當時阿龍正在洗澡，身上只穿一件浴衣，半裸地跑到二樓向龍馬告急。龍馬身邊雖有個護衛，無奈寡不敵眾，遭捕吏砍傷雙手手指，傷勢不輕，之後同阿龍逃到薩摩藩邸。僥倖躲過一難的龍馬和阿龍結婚後，兩人前往鹿兒島旅遊兼養傷，據說此行亦為日本最早的蜜月旅行。

抵達鹿兒島後，有人勸他們到溫泉療養，夫妻倆在兩處溫泉逗留了一陣子，接著移至霧島（Kirishima）溫泉探望薩摩藩總領小松帶刀（Komatsu-Tatewaki／一八三五～一八七〇）。這時阿龍心血來潮說想爬霧島山，由於不能帶米飯登山，小松便讓龍馬夫妻帶長崎蛋糕到山上充饑。當時是幕末時期，長崎蛋糕已流通於市面，是常見的西式甜點之一。

翌年十一月，坂本龍馬在京都醬油商近江屋（Oumiya）倉房二樓遭刺客暗殺，享年三十二。據說當晚坂本龍馬打算吃鬥雞火鍋，待傭人買了雞肉回來時，房內只留下暗殺慘狀現場，龍馬則昏迷不醒地躺在血泊中，不久即斷氣。龍馬當晚打算吃的鬥雞火鍋是土佐特有的鐵鍋料理，做法是先在鐵鍋內鋪上一層蒟蒻，再放入洋蔥、蔥、冬菇等蔬菜，用醬油、砂糖調味，最後放入雞肉煮熟，之後倒酒煮成湯汁，吃時蘸生鮮蛋汁，跟現代的日本牛肉喜壽燒火鍋類似。明治二〇年代普及的親子丼（Oyakodon／雞肉雞蛋蓋飯），創意正是取自土佐鬥雞火鍋，當時東京日本橋某家餐廳老闆娘，看到有客人把生鮮蛋汁直接澆在留有雞肉的鬥雞火鍋內，再把半生不熟的蛋汁與雞肉一起盛在熱飯上，這才創出親子丼這道蓋飯。倘若坂本龍馬多活二十多年，應該也能吃得到親子丼。

かつおのたたき／Katsuo-no-Tataki

かつおのたたき／Katsuo-no-Tataki

きゅうしゅう、おきなわ

Kyuushuu, Okinawa

九州、沖繩

福岡縣（ふくおかけん／Fukuokaken）

｜人口｜
約**506**萬

福岡縣由「**筑前**」（Chikuzen）、「**筑後**」（Chikugo）、「**豐前**」（Buzen）三國組成，位於九州北部，三面環海，北臨日本海，東濱瀨戶內海，西接九州規模最大的海灣有明海（Ariakekai）。福岡縣是日本最接近朝鮮半島、中國、東南亞地區的縣，離東京有一千一百公里，但與韓國釜山之間的直線距離僅有二百公里，搭高速船僅三小時便可抵達；與上海之間的距離約八五〇公里，比東京近。最北端的九州市與對面的山口縣下關市，隔著關門海峽（Kanmon-Kaikyou），有世界最初的海底隧道關門海峽隧道，全長約三千六百公尺，其中海底隧道占一一四〇公尺。位於西部的縣廳所在地福岡市（Fukuokashi）是九州地區經濟、文化、交通中心，亦為九州地區規模最大的都市，由於自古以來便與東亞各國頻繁進行文化交流或商業貿易，禪宗、茶葉、烏龍麵、蕎麥麵、豆沙包等，發源地均是福岡市，連日本女學生的水手制

辛子明太子／Karashi-Mentaiko

鄉土料理：

水炊き（Mizutaki）、**がめ煮**（Gameni）。

本地人氣料理：

辛子明太子（Karashi-Mentaiko）。

「Mizutaki」是日本家庭冬季餐桌最常見的火鍋料理之一，做法很簡單，主要食材是連皮帶骨的雞肉，蔬菜是大白菜、甘藍、蔥、菇類、春菊葉、蒟蒻絲等，基本上不加任何調味料，吃時蘸橙醋。福岡人多用當地的博多土雞，味道濃厚，肉質緊實，嚼頭強勁。「Gameni」是方言，由於福岡縣西部古名是「筑前」，所以九州地區以外的人通稱這道料理為「筑前煮」（Chikuzenni）。「Gameni」的主要食材也是連皮帶骨的雞肉，和芋頭、香菇、牛蒡、蓮藕、紅蘿蔔等根莖類，用醬油、酒、味醂、砂糖紅燒而成；但九州地區以外的「筑前煮」普遍都用不帶骨頭的雞肉。

至於本地人氣料理的「辛子明太子」在日本全國超市很常見，是將黃線狹鱈魚卵用辣椒等調味料醃漬而成。另有一種不辣的鹹魚卵，名為「鱈子」（Tarako），這兩種魚卵都是日式飯糰、茶泡飯不可欠缺的食品，亦可當下酒菜，也可以和義大利麵條做成日式義大利麵，麵包店也常見明太子法式長棍麵包。

がめ煮／Gameni

服也源自福岡市。福岡市與中國廣東省廣州市是友好城市，與山東省青島市則為經濟交流城市。

九州北部、中部氣候溫暖，在日本是最早引進大陸國家文化的先進區。自古以來便有眾多朝鮮半島移民，江戶時代德川幕府施行鎖國政策之前，九州地區私下貿易活動（現代用詞是「走私」）極為興盛。因此這一帶人大多是思想開放的樂天派，人情味重，不過，個性也比較粗枝大葉。一般說來，日本在明治維新之前是地方自治式的藩國政策，每個藩都是半獨立國，藩民（老百姓）受藩主政策影響很深，有時明明是同一縣人，卻因往昔的藩國或藩主政策不同而導致縣民間氣質差異很大，這種差異尤以九州地區為甚。

福岡縣往昔是黑田（Kuroda）家統治的福岡藩，佐賀縣是鍋島（Nabeshima）家支配的佐賀藩，熊本縣是細川（Hosokawa）家管轄的熊本藩，此三藩藩主都是個性強烈的世家門第，也因此受其統治的老百姓氣質亦截然有異。大分縣和長崎縣雖由許多小藩組成，但也因往昔各藩主政策不同，老百姓氣質亦明顯有差異。我時常在網路上向讀者傳達，要理解日本這個大和民族氣質，必須先研究其歷史背景，遺憾的是現代中文圈的年輕人似乎對現代日本的流行文化較感興趣，對日本的歷史背景知識則漠不關心。但在日本國內，出身於哪一國（藩國）是很重要的會話話題，可以藉由此話題打開話匣子，令生意洽談或人際應酬進行得更圓滑。

如前所述，三代都在東京土生土長的人可以自稱「江戶子」，橫濱亦有「濱子」之稱，北海道是「道產子」，九州地區則以福岡市的「**博多子**」（**Hakatakko**）最有名。雖然「**博多**」（Hakata）這地名早已納入福岡市的一部，變成博多區，但福岡市民乃至外縣人仍習慣用「博多」通稱福岡。「博多子」這稱呼在九州地區甚至日本國內亦是名牌出身地之一，即便不是生於福岡市的人，在縣外也常自稱為「博多子」，可見他們對自己的故鄉極為引以為傲。大概因自尊心太強，他們很喜歡向外人誇耀自己的故鄉，而且愛喝酒、愛出風頭、愛熱鬧。尤其博多男大多是硬派男，他們對女性求愛時不會說「我愛妳」或「我喜歡妳」，而是用「讓我上一次」這種直腸子（或說低俗？）的方式求愛。其實博多男十分純情，但他們就是嘴巴壞，可能正因為如此，才形成大姐頭氣質的博多女吧。

水炊き／Mizutaki

佐賀縣

（さがけん／Sagaken）

｜人口｜
約85萬

佐賀縣與長崎縣古名合稱「**肥前**」（Hizen），佐賀縣夾在福岡縣與長崎縣之間，北臨日本海，南濱有明海，縣內森林面積占總面積百分之四九，耕地占百分之三九，主要產業是林業。自古以來便盛產陶瓷器，著名的是**唐津燒**（Karatsu-Yaki）、**有田燒**（Arita-Yaki）、**伊万里燒**（Imari-Yaki），有田燒和伊万里燒類似，只是前者限定在有田町製作的瓷器，後者範圍比較廣，指的是肥前所有瓷器。縣內雖沒有火山，但各地溫泉很多，地震災害較少，反之颱風、洪水之類的天災較多。縣廳所在地佐賀市（Sagashi）有許多三世紀至七世紀期間的古墳遺址，亦有不少徐福傳說，與中國江蘇省連雲港市是友好城市。

須古壽し／Sukozushi

鄉土料理：

呼子イカの活きづくり（Yobuko-Ika-no-Ikidukuri）、**須古寿し**（Sukozushi）。

呼子港（Yobukokou）位於佐賀縣西北部最北端，是天然海灣良港，此地的漁夫用廉價的劍尖槍烏賊，在一分鐘內做成生烏賊絲的料理正是「Yobuko-Ika-no-Ikidukuri／呼子烏賊活造」。由於現抓現做，烏賊絲不但留有透明感，更保留烏賊本身的天然甜味，才稱為「活造」（Ikidukuri）。須古壽司是位於佐賀縣中南部面臨有明海的白石町（Shiroishichou），傳承五百年以上的鄉土傳統押壽司，特色是在十公分見方的壽司飯上，擱事前已調味好的五顏六色的魚肉、蔬菜碎末、雞蛋絲等等，是白石町須古地區於祭典喜宴時必定上桌的壽司料理。

曾三度入圍諾貝爾文學獎的三島由紀夫（Mishima-Yukio／一九二五～一九七〇）跟佐賀縣關係不淺。為什麼？因為他深受**《葉隱》**（Hagakure）的影響，戲劇性地以日本傳統的切腹自殺方式結束了他的一生。而**《葉隱》**的口述者山本常朝（Yamamoto-Jouchou／一六五九～一七一九）正是佐賀縣鍋島藩藩士，**《葉隱》**則為武士道精神原典，是一部武士修養書，亦為武士美學的哲學書，算是日本的「武士論語」。即便是現代日本人，只要一提到武士道，也會聯想起這本難度超高的經典。

但佐賀後代到底怎麼看這本書呢？他們可能會異口同聲說「那是老古董思想」、「現在要是有人按書中說法去

呼子イカの活きづくり／
Yobuko-Ika-no-Ikidukuri

做，一定會被看成是變態」。可憐的山本常朝，竟然被後代人視為變態。不過，無論佐賀縣人如何否定，就外縣人的視點來看，他們身上確實留有武士道美學的DNA。佐賀縣人生活質樸，存款額在九州地區居最高位，日本有句笑話，「**只要佐賀縣人走過的路，那條路連雜草都長不出來**」，意思是他們非常節儉，不相信的人可以看在臺灣非常暢銷的**《佐賀的超級阿嬤》**這本書。還好**《佐賀的超級阿嬤》**洗刷了NHK播放的電視劇**《阿信》**中的佐賀超級惡毒婆婆的形象。據說**《阿信》**播出時，由於佐賀婆婆的造型過於狠毒，引起許多佐賀武士後代向NHK強烈抗議。

佐賀縣雖和福岡縣毗鄰，但兩者男女個性差異很大，佐賀男瞧不起博多男，說他們言行輕浮不莊重，博多男則嫌佐賀男過於死腦筋。而佐賀女不管是真心或做排場，在外人面前絕對會力行男尊女卑的角色模式，這在大姐頭氣質的博多女眼中看來，等於是「扯女人後腿」的假惺惺作態。其實佐賀男並非真是男尊女卑主義者，而是佐賀女生來就在「無論發生任何事，都必須給男人留面子」的家庭環境中成長，習慣成自然而已。

長崎縣

（ながさきけん／Nagasakiken）

｜人口｜

約**143**萬

長崎縣由「**肥前**」（Hizen）、「**対馬**」（Tsushima）、「**壱岐**」（Iki）三國組成，位於九州西北部，除了東部緊鄰佐賀縣，四周都是大海，擁有九七一座島嶼，海岸線長四一三七公里，居日本第一。縣內有八十三處港灣，奈良、平安時代的遣隋使、遣唐使均由壱岐、対馬、五島（Gotou）出發，自古以來便與朝鮮半島、西歐、中國交流頻繁，國際性很強。縣廳長崎市（Nagasakishi）在日本鎖國時期的江戶時代，是唯一准許外國船舶進入日本的國際貿易港口城市，異國風情濃厚，有眾多富有歐州情調的建築物，但市內由於坡道很多，馬路狹窄，市民的主要交通工具是摩托車，與中國福州市是友好城市。

卓袱料理／Shippoku-Ryouri

鄉土料理：

卓袱料理（Shippoku-Ryouri）、**具雜煮**（Guzouni）。

本地人氣料理：

皿うどん（Sara-Udon）、**ちゃんぽん**（Chanpon）、**佐世保バーガー**（Sasebo-Ba-Ga-）。

卓袱料理跟中國料理類似，在圓桌擺上眾多大盤菜，客人可以直接用筷子夾菜。但桌上料理有中國菜、西洋菜、日本菜，因此別稱「和華蘭料理」（Wakaran-Ryouri／Wakaran有「莫名其妙」之意），現在只能在料亭或婚宴才享受得到，算是高級料理之一。「桌袱」語源不詳，只知道「桌」是圓桌，「袱」是桌布，發音的「Shippoku」則為越南方言。「具雜煮」是島原半島（Shimabara-Hantou）的鄉土料理，元旦、喜宴時經常上桌，裡面除了麻糬，還有許多魚肉蔬菜。

本地人氣料理的「皿烏龍麵」和「Chanpon」（雜燴麵）聞名全日本，「皿烏龍麵」的名稱雖是烏龍麵，但其實是勾芡炒麵；「Chanpon」則為什錦湯麵。二者均為長崎市中國料理餐廳四海樓（Shikairou）老闆於明治時代中期特別做給中國留學生吃的創作料理。「佐世保漢堡」是佐世保市（Saseboshi）的手製漢堡包總稱，現做現吃，與連鎖速食店麥當勞的漢堡包不同，每家味道都不一樣。

皿うどん／Sara-Udon

ちゃんぽん／Chanpon

長崎炒麵和雜燴麵雖然聞名全日本，但長崎另有一項歷史悠久的甜點在日本更吃香，那就是長崎蛋糕。不過，長崎蛋糕是臺灣人取的通稱，倘若在日本說要買長崎蛋糕，絕對沒人聽得懂，應該說成「**Kasutera**」。「**Kasutera**」原為西班牙北部一個古王國**Reino de Castilla**名稱，十六世紀末，葡萄牙傳教士將這種南蠻甜點帶進日本時，用葡萄牙發音稱其為「**Pao de Castele**」（Castilla國的麵包），日本人便學葡萄牙人發音稱為「**Kasutera**」，並沿用至今。

據說最初是一位長崎船匠自葡萄牙人那兒學會製法，由於材料只須雞蛋、麵粉、砂糖，製法簡單，這位船匠便改行經營起長崎蛋糕店。創業於一六二四年，長崎最有名的Kasutera老店「**福砂屋**」（Fukusaya）正是這位船匠子孫開設的舖子。「福砂屋」的商標和招牌均是象徵幸福的蝙蝠，很好認。之後經過多次改良，才成為現今口感綿密的長崎蛋糕獨特味道。

「福砂屋」是長崎老店，可能僅限當地人或去過長崎的人才知道，而聞名全日本的長崎蛋糕舖子則是「**文明堂**」（Bunmeidou）。「文明堂」創業於一九〇〇年，東京於一九一四年舉辦大正博覽會時，

具雑煮／Guzouni

「文明堂」第一代老闆親自穿著日式禮服，頭上戴著一頂寫著Kasutera文宣的大型土耳其帽，在街頭進行宣傳，自此之後東京人才知道長崎蛋糕的存在。

長崎蛋糕在日本有眾多種類，即便是「文明堂」的長崎蛋糕，味道也會因公司不同而有異。反正是甜點，各人口味不同，所以不一定非得買老舖子的長崎蛋糕才好吃。我通常買超市賣的那種廉價長崎蛋糕碎片，就是把長崎蛋糕切成整齊的長方形時留下的碎片，日文通稱這類碎片為「**耳**」（Mimi）。包裝很簡陋，常用塑膠袋包成一大袋廉價售出，不過味道可一點也不比包裝精美的長崎蛋糕遜色，反而因為是靠邊的蛋糕，烤時令砂糖結晶化，吃起來更潤口甜膩。

附帶一提，長崎縣民在九州地區算是思想最開化、最前進的族群，他們不像一般日本人那般重視上下關係，自小就在男女平等的家庭環境中長大，毫無男尊女卑的觀念，跟橫濱非常類似。撞球、保齡球、柏油路、賽艇、地方新聞等均源自長崎。

佐世保バーガー／Sasebo-Ba-Ga-

大分縣

（おおいたけん／Ooitaken）

人口

約120萬

大分縣位於九州東部，縣南部古名「**豐後**」（Bungo），溫泉源泉數和湧出量均居日本第一，尤以面向**別府灣**（Beppuwan）的別府溫泉，以及海拔一五八四公尺的活火山「**由布岳**」（Yufudake）一旁的**由布院溫泉**（Yufuin-Onsen）最有名。總面積雖居日本全國第二十二位，但大半都是山地，瀑布、溪谷非常多，縣內可住地面積只占全縣百分之二八。中津市（Nakatsushi）的耶馬溪（Yabakei）是國家指定名勝。縣廳所在地大分市（Ooitashi）在戰國時代是日本基督教傳教中心，與中國湖北省武漢市是友好城市，與廣東省廣州市則為交流促進城市。別府市（Beppushi）是國際觀光文化都市，溫泉源泉數多達二千八百餘，占日本總溫泉源泉數的百分之十，每年有千萬人以上的觀光客，別稱「**泉都**」（Sento）。

ブリのあつめし／Buri-no-Atsumeshi

鄉土料理：

ブリのあつめし（Buri-no-Atsumeshi）、**ごまだしうどん**（Gomadashi-Udon）、**手延べだんご汁**（Tenobe-Dangojiru）。

「Buri-no-Atsumeshi」是佐伯市（Saikishi）漁夫料理「鰤魚溫飯」。做法是先將鰤魚生魚片浸漬於事前用醬油、酒、砂糖、醋等調好的調味料中，兩三個小時後再將鰤魚生魚片盛於熱飯，最後撒些蔥花、海苔絲、芝麻、薑絲、紫蘇等，可拌飯吃，也可澆上熱茶或湯汁當茶泡飯。「Gomadashi」是將烤熟的狗母魚磨碎，加醬油和芝麻做成調味料，之後盛在烏龍麵上，最後澆上熱湯。因芝麻調味料在夏季可保存一星期，冬季可保存一個月，算是一種速成麵。

「Dangojiru」在九州地區是著名鄉土料理，尤以大分縣最有名，是一種用手撕成棒狀再桿成麵條的扁條麵，所以稱為「手延／Tenobe」；湯頭是味噌，有些地區用米粉，縣內有各式各樣的「Dangojiru」。

大分縣人時常被外縣人形容為「**赤貓氣質**」，意思是狡猾、偏狹、小氣、利己、不合群，簡直跟不懂報恩的貓一樣，而且是刺眼的紅貓。當然這世上沒有真正的紅貓，故意說成紅貓，是想強調貓那種令人捉摸不定的特性而已。但凡事都有兩面，狡猾、偏狹、小氣、利己、不合群，也可以解釋為合理性、個人主義、直性子。總之，令人捉摸不定倒是事實。最明顯的例子是戰國時代統治大分縣的戰國大名大友宗麟（Ootomo-Sourin／一五三○～一五八七），原本是死忠的禪道信奉者，後來變成狂熱的基督教徒。江戶時代，大分縣又分為八個小藩，各藩藩主政策都不同，彼此

ごまだしうどん／Gomadashi-Udon

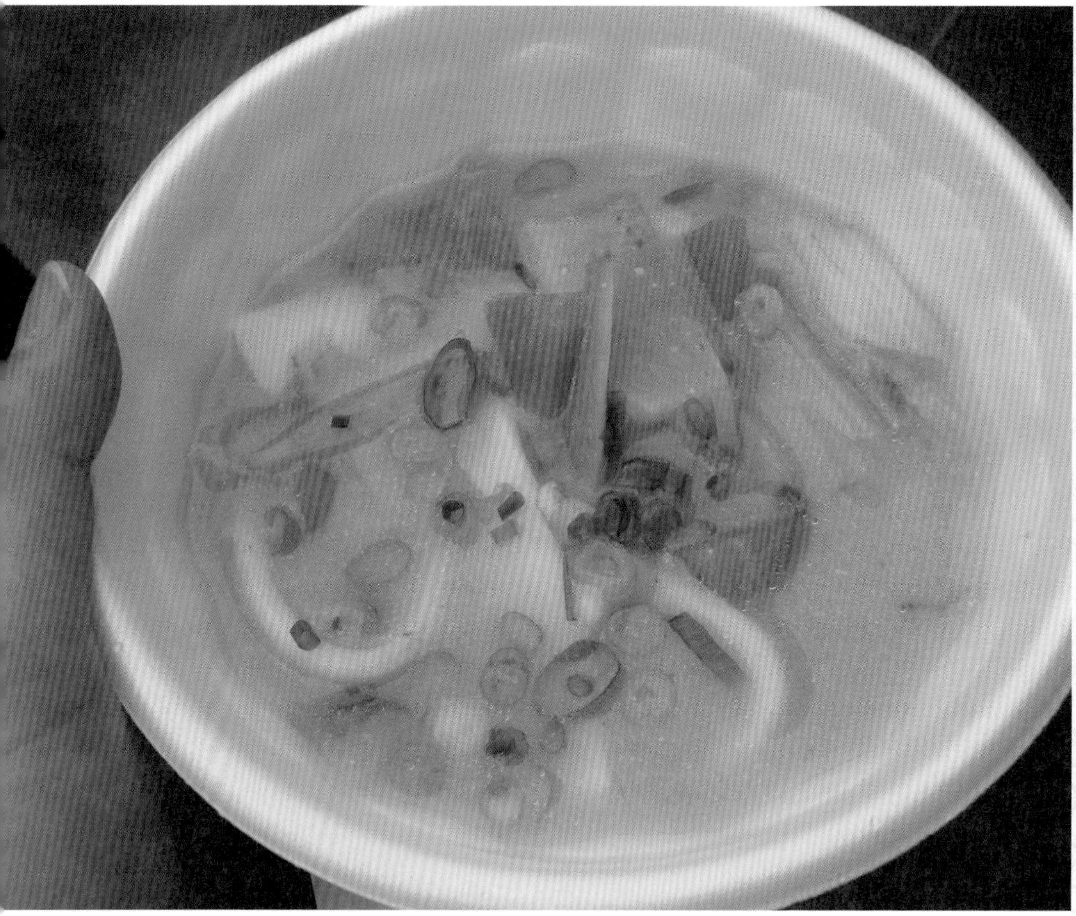

手延べだんご汁／Tenobe-Dangojiru

競爭得很激烈，明治維新後八藩合併成一個縣，才會造成目前這種令人無法揣度的縣民性。

不知是不是往昔分裂為八藩之因，大分縣男女通常很內向、怕生，對戀愛也很消極。外縣人想跟大分縣人交流時，常會被他們待人冷淡、排外的第一關卡擋住，不過，我想，只要用對待貓的方式去應對，應該可以闖入他們的內心世界，讓他們變成「黏人貓」。沒養過貓或討厭貓的人，最好不要把大分縣人跟「熱情的九州人」並排一起，否則會發生無謂的誤會，於事後抱怨他們不近人情。

大分縣往昔曾陷於人口外流、活力下降的苦惱，但一九八〇年縣知事提倡「一村一品運動」後，大分縣人便發揮江戶時代八藩彼此競爭的習性，創出許多聞名全日本的名牌特產，其中以香菇最有名，產量占日本全國百分之三十四。而且「一村一品運動」更擴大至中國、韓國、菲律賓、馬來西亞、印尼、蒙古、美國德州、路易斯安那州等地，創始者的前任縣知事平松守彥（Hiramatsu-Morihiko）不但獲得有「亞洲諾貝爾獎」之稱的「**麥格塞塞獎**」（Ramon Magsaysay Award），更榮獲中國「改革開放三十年中國最有影響的海外專家」獎。平松守彥任職縣知事期間是六期二十四年，為大分縣做了很多事，是位難得的政治家。

熊本縣（くまもとけん／Kumamotoken）

人口
約182萬

熊本縣古名「**肥後**」（Higo），位於九州中央，總面積居日本全國第十五位，縣內約六成是森林，離東京一〇七二公里，搭飛機需一小時三十五分鐘，但離韓國首都首爾只有六三一公里，搭飛機需一小時二十五分鐘。東部有全世界最大的破火山口阿蘇山（Asosan），西部面臨有明海、八代海（Yatsushirokai），外海接東海，雲仙天草（Unzenamakusa）國立公園則有一二〇座島嶼。由於土地肥沃，是日本少數的農業縣之一，蕃茄、西瓜、甘夏橙（Amanatsumikan）產量均居日本全國首位，用在榻榻米表面的燈心草也幾乎只限熊本縣生產。縣廳所在地熊本市（Kumamotoshi）有日本三名城之一的熊本城，夏目漱石、小泉八雲、森鷗外均曾在熊本市住過。熊本市與中國廣西省桂林市是友好城市。

辛子蓮根／Karashi-Renkon

鄉土料理：

馬刺し（Basashi）、**いきなりだご**（Ikinaridago）、**辛子蓮根**（Karashi-Renkon）。

本地人氣料理：

太平燕（Taipien）。

提到熊本縣的美食，一般日本人首先會聯想到「Basashi」（生馬肉片）。據說直至六〇年代為止，熊本縣人吃的是煮熟的廢棄軍馬，七〇年代起正式養育食用馬，生馬肉片飲食文化方始扎根。但現代日本的馬肉幾乎全是進口貨，百分之六十來自澳洲，其他國家各為阿根廷、巴西、加拿大、美國。「Ikinaridago」是熊本方言，簡單說來是一種甘藷甜點，用切成圓片的甘藷裹上麵粉皮再蒸熟即可食用，現在通常在甘藷圓片上再加一層豆沙。本為戰後因糧食不足而成為熊本縣人的主食，之後演變為家庭傳統點心，繼而被選為鄉土料理代表之一，漫畫及動畫《Keroro 軍曹》中那個搞怪藍星青蛙人 Keroro 正是很喜歡吃這個甘藷糕。

熊本縣的「辛子蓮根」也很有名，是具有三百多年歷史的傳統食品。「蓮根」（Renkon）即蓮藕，「辛子」（Karashi）是芥末，做法是將芥末味噌塞進蓮藕空洞，再裹上用麵粉和薑黃粉混成的黃色麵衣油炸而成。據說江戶時代初期熊本藩初代藩主細川忠利（Hosokawa-Tadatoshi）虛弱多病，而熊本縣盛產蓮藕，於是禪僧玄宅（Gentaku）和尚推薦藩主多吃蓮藕，但藩主吃不下水煮蓮藕，玄宅和尚便創出外表看不出是蓮藕的「辛子蓮根」，而且蓮藕的九個空洞與細川家家紋九曜紋類似，因此明治時代之前始終是細川家的祕傳料理，明治時代以後，製法才流傳民間，成為熊本縣名產之一。

本地人氣料理的「太平燕」原為中國福建省福州的地方風味燕皮餛飩小吃，明治時代初期前來熊本縣定居的華僑因懷念故鄉小吃而做給日本人吃。但熊本縣的「太平燕」用的不是燕皮餛飩，而是粉絲，算是一種什錦粉絲湯麵。這道小吃在外地很罕見，必須到熊本縣才吃得到，亦是當地小學、中學營養午餐常見食譜之一。

熊本縣和鹿兒島縣均為火山國，一般日本人口中說的「**九州男兒**」（Kyuushu-Danji）指的正是這兩縣人，印象是直性子、熱情勇猛、很能喝酒、樸質剛毅。熊本男和鹿兒島男都很討厭歪門邪道，亦不擅長耍手段，但熊本男要是跟鹿兒島男吵起架來的話，先舉白旗的必定是熊本男。因為熊本男比較急性子，沒耐性花時間去說服別人，所以會爽快地舉白旗認輸。兩縣人的共通點是人情味濃厚、待人親切、不輕易背叛親朋好友，只是熊本男比較笨口拙舌，這點確實輸給既倔強又不肯認輸的薩摩藩武士鹿兒島男，也因此沒加入明治維新革命活動。

いきなりだご／Ikinaridago

在日本，鹿兒島縣是男尊女卑的總部，而且非常重視上下關係，只是鹿兒島女很會操縱丈夫，就算表面看上去似乎被男人壓得很委屈，其實手中掌握著家中實權。熊本男也是男尊女卑實踐者，但近年來出現了經濟、精神雙方都獨立自主的「新熊本女」，令熊本男有點手足無措。

熊本縣沒有地鐵，上水道普及率也居日本全國末位，這是因為熊本縣有許多名水，當地人喝的幾乎全是天然地下水，大概因不想破壞這些美味的地下水，所以縣內主要交通工具不是巴士便是有軌路面電車。此外，熊本縣的燈心草產量居日本全國首位，燈心草栽培歷史已有五百餘年，榻榻米市場占有率高達百分之七八，簡單說來，日本住居的榻榻米幾乎全來自熊本縣。

縣內雖有不少著名觀光名所，但我想介紹另一處非常特殊的健身名所，那就是中部美里町（Misatomachi）的天台宗古剎釋迦院（Shakain），正式名稱是金海山（Kinkaizan）大恩教寺（Daionkyouji），有一千二百餘年歷史。但要抵達釋迦院，必須爬一段全長約二公里、三千三百三十三級的石階，而且石階用的不僅是日本各地的名石，也用了許多中國、韓國、印度、俄國、巴西、美國、南非等世界各國的花崗岩。出發點至頂上之間的標高差約六百多公尺，以成人男性步伐計算的話，全程至少須花九十分鐘。特地來此寺院的遊客，目的都是想挑戰這段石階，自認為有體力的人不妨試試。

太平燕／Taipien

馬刺し／Basashi

宮崎縣（みやざきけん／Miyazakiken）

｜人口｜
約113萬

宮崎縣古名「**日向**」（Hyuuga），位於熊本縣右鄰，南接鹿兒島縣，東臨太平洋。縣內將近八成是山地森林，從古名也可以看出當地日照時間長、雨量豐富。日本職棒、職足球隊於每年春季都會前往宮崎縣或沖繩縣進行集訓。此外，由於沖繩縣和鹿兒島縣的海面均不適合衝浪，宮崎縣也是日本著名的衝浪水上運動勝地。縣廳所在地宮崎市（Miyazakishi）與中國遼寧省葫蘆島市是友好城市，市中央有一〇七公里長的一級河川大淀川（Ooyodogawa），著名旅遊景點則為東南部海岸的青島（Aoshima）。青島圓周八六〇公里，面積四．四公頃，高六公尺，那一帶總稱日南（Nichinan）海岸國定公園，有許多奇峰怪石、國家指定天然紀念動物的野生馬以及五顏六色的珊瑚礁。

鄉土料理：

地鶏の炭火焼き（Jidori-no-Sumibiyaki）、**冷や汁**（Hiyajiru）。

本地人氣料理：

チキン南蠻（Chikin-Nanban）。

宮崎縣土雞名為「宮崎地頭雞」（Miyazaki-Jitokko），母雞由縣廳管理，只提供雛雞給指定的生產者，因此年產量不多。特色是用火炭把雞肉烤得焦黑，吃時口中有火炭味，風味十足。「Hiyajiru」則為宮崎平原自古以來的家庭料理，湯頭是將小乾魚或烤魚磨碎，混入芝麻和味噌再度磨碎，之後均勻貼在擂缽內用火烤得有點焦，最後注入湯頭，再放入切成圓片的胡瓜、紫蘇絲，冷卻後澆在熱騰騰的白飯或麥飯。據說這道料理於十四世紀中葉鎌倉時代，曾經由僧侶廣傳日本各地，之後卻只在宮崎扎根並流傳至現代，很適合食慾不振的炎夏。

至於本地人氣料理的「南蠻雞」用的是嫩雞，先用麵粉、雞蛋等麵衣炸成，再浸於糖醋調味料內，現在通常澆上塔塔醬。這道料理歷史不久，六〇年代由延岡市（Nobeokashi）某家餐廳發明出後，另一家餐廳又於七〇年代創出澆上塔塔醬的方式，目前則是日本全國各地便利商店均可買到。

宮崎縣男性大多開朗大方，逍遙自在，溫柔體貼，比起「九州男兒」代表的熊本男與鹿兒島男，他們看似缺乏男子氣概，老是被鹿兒島男譏笑是「日向癡呆」，意思是被陽光曬得軟綿綿，不像個挺直剛毅的九州男兒。不過，宮崎男只是不虛張聲勢而已，並非真的沒骨氣，碰到危機時，會發揮外柔內剛的本性。女性亦很爽朗，行動積極，懂得如何拉著老實又嘴笨的「日向癡呆」丈夫往前走，因此宮崎縣沒有男尊女卑觀念，反倒是女性比較潑辣。同樣是九州男兒，個性為何有如此差異呢？這全是地理環境造成的。

鹿兒島縣土地貧瘠，長久以來只能種植雜糧，縣民習慣了貧窮饑餓的生活，才會形成質樸剛毅的性情；而宮崎縣土地肥沃，陽光雨水充足，只要躺著曬太陽就有飯吃，何況在過去的歷史中，幾乎從未與其他藩國打過仗，所以男性個性純樸溫和，猶

チキン南蠻／Chikin-Nanban

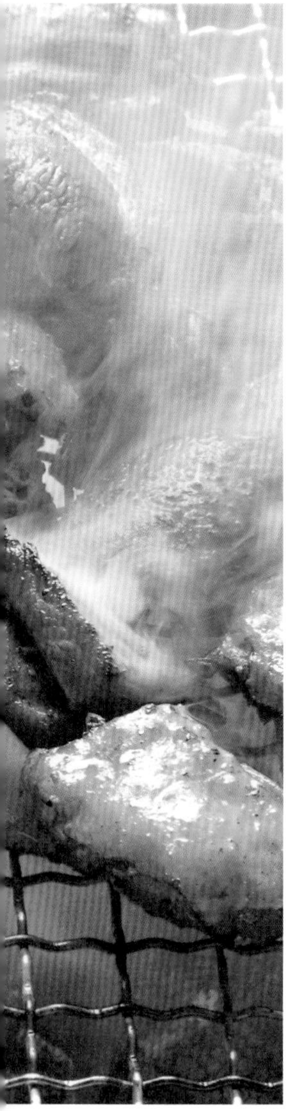

如輕飄飄的棉花。在宮崎縣人面前，最好直話直說，切忌拐彎抹角，也不用說些沒用的客套話，我覺得跟這種人交往比較輕鬆自如。根據我過去的經驗，九州男兒確實很難應付，無論在酒席或請客人來家吃飯，九州男兒通常保持沉默是金的原理，至少我到今日為止從未碰過一開口便嬉皮笑臉、滔滔不絕的九州男兒。

宮崎縣的肉雞產量居日本全國第一，香豌豆花（Sweet pea）、胡瓜、青椒、芒果的出貨量也居日本全國第一，另一樣是煙草。根據聯合國糧農組織（Food and Agriculture Organization of the United Nations, FAO）的資料，全世界煙草產量最多的國家是中國（多達日本的六十三倍），其次是巴西、印度、美國、津巴布韋。宮崎縣的煙草產量雖居日本全國第一，縣民的抽煙率卻僅占百分之二十六，居日本全國第四十三位。日本全國男性抽煙率是三九·五，女性則為十二·九，其中男性抽煙率最高的是山梨縣、山形縣、石川縣，女性抽煙率排行依次為北海道、大阪、東京。

地鶏の炭火焼き／Jidori-no-Sumibiyaki

鹿兒島縣

（かごしまけん／Kagoshimaken）

人口

約171萬

鹿兒島縣由「**大隅**」（Oosumi）、「**薩摩**」（Satsuma）兩國合併而成，位於九州島南端，擁有六百多個島嶼，南北距離六百公里，海岸線長達二千七百二十二公里。島嶼包括著名的火槍傳入地**種子島**（Tanegashima）、世界自然遺產之一的**屋久島**（Yakushima）、奄美（Amami）諸島，以及**活火山櫻島**（Sakurajima）。縣內溫泉泉源數有二千七百多，僅次於大分縣，縣內的公共澡堂幾乎都是溫泉。縣廳所在地是鹿兒島市（Kagoshimashi），在西岸市區可以遙望對面的櫻島，景觀類似義大利那不勒斯市與維蘇威火山之間的關係，故有「東洋的那不勒斯」美譽，且兩者為姊妹城市，那不勒斯市內有「鹿兒島路」街道名，鹿兒島市內亦有「那不勒斯路」街道名；與中國湖南省長沙市為友好城市。

雞飯／Keihan

鄉土料理：

雞飯（Keihan）、**きびなご料理**（Kibinago-Ryouri）、**つけあげ**（Tsukeage）。

本地人氣料理：

黑豚のしゃぶしゃぶ（Kurobuta-no-Shabushabu）。

「雞飯」是奄美大島與沖繩縣的鄉土料理，類似茶泡飯，由於每個家庭自製的雞湯味均不一樣，因此遊客在當地可以嚐到各式各樣的雞飯，亦為縣內各小、中學常見的營養午餐之一。「Kibinago」是日本銀帶鯡，成魚僅有十公分左右，具有銀白色縱帶，壽命約半年至一年，據說在初春到初夏的產卵期，魚群大批湧至沿岸時捕獲的成魚最好吃。製法多樣，最有名的是排成菊花狀的生魚片「菊花造」。「Tsukeage」則是方言，就是一般日語中的「薩摩揚」（Satsumaage），在日本是一種很常見的魚漿油炸食品。

本地人氣料理是「黑豚涮涮鍋」，比起一般豬肉，鹿兒島黑豚歷史悠久，在十七世紀初的戰國時代便自琉球引進，當時被稱為「會走路的蔬菜」。鹿兒島黑豚筋纖維比一般豬肉細，而且肉質軟，並含有豐富的氨基酸，吃起來有甜味，脂肪亦不膩，最適合涮涮鍋。

幕末時期的新選組（Shinsengumi），本為江戶幕府第十四代將軍德川家茂（Tokugawa-Iemochi／一八四六～一八六六）於一八六三年前往京都時，臨時招募組成的護衛隊。兩百多名隊員均為失去主君流落鄉野的流浪武士，抵達京都後，住在壬生，因此最初名為「**壬生浪士**」（Miburoushi）組，後來才重整為新選組。初代局長是芹澤鴨（Serizawa-Kamo／一八二七～一八六三），因內部鬥爭被暗殺後，由近藤勇（Kondou-Isami／一八三四～一八六八）繼任局長。

根據一八六五年編成的隊員名冊，當時由近藤勇局長率領的新選組成員總計一三四名，駐紮地自壬生遷移至西本願寺。一百多名年輕力壯的隊員雜居一處，無論飯菜或住居環境均極為髒亂，傳染病蔓延，隊員中有三分之一是病人。近藤勇請了當時任職幕府西洋醫學所總

つけあげ／Tsukeage

管的松本良順（Matsumoto-Ryoujun／一八三二～一九〇七）前來指導建康衛生管理知識。

松本良順把病人集中一處讓醫師治療看護，並提議利用廚餘飼養食用豬給隊員吃以增進體力，另外又建議養雞，讓隊員多吃雞蛋。以現代人眼光來看，此建議極為合理，但當時的日本仍深受實施千年以上的肉食禁令影響，雖然市面上已有暗地販賣獸肉的小販，不過老百姓仍維持著偷吃獸肉時必須用紙、布遮住神龕的習慣。

近藤勇當然接受了建議，不但命隊員養豬、養雞，更時常讓隊員吃豬肉火鍋或豬肉味噌湯。新選組隊員發明的雞蛋料理中有一道名為「軟綿綿雞蛋」料理，簡單說來，就是現代的蒸雞蛋羹或煎蛋卷。至於近藤勇本人，因是江戶子，據說至死都吃不慣京都菜。東京菜和京都菜調味差異很大，例如味噌湯，京都味噌對關東人來說，甜得難以入口。連最基本的飯糰形狀也不一樣，關東人習慣吃圓形或三角形飯糰，大阪、京都方面的飯糰則為橢圓形。不過，近藤勇很喜歡吃京都甜點和泡菜，似乎只有這兩樣合他的口味。

黒豚のしゃぶしゃぶ／Kurobuta-no-Shabushabu

沖繩縣（おきなわけん／Okinawaken）

｜人口｜
約 **138** 萬

沖繩縣古名「**琉球**」（Ryuukyuu），由四十九個有人島和無數個無人島組成，東臨太平洋，西瀕東海，二次大戰後被美國占領，一九七二年歸還日本。縣內大部分地區是亞熱帶氣候，但南部幾個島嶼則為熱帶氣候。此外，縣內世界文化遺產並非只限琉球王國的首里城（Shurijou），還包括其他四處古城城址和遺跡，總計九個據點，散見於沖繩島南、中、北部。每年有五十多萬觀光客，外國人觀光客中有百分之七十五來自台灣。縣廳所在地那霸市（Nahashi）為東亞、東南亞與日本之間的接點，一千公里圈內不但有台北、福岡、上海、福州，一千五百公里圈內更包括大阪、首爾、馬尼拉、香港；與中國福建省福州市為友好城市。

いかすみ汁／Ikasumijiru

鄉土料理：

沖縄そば（Okinawa-Soba）、**ゴーヤーチャンプルー**（Go-Ya-Chanpuru-）、**いかすみ汁**（Ikasumijiru）。

「Okinawa-Soba」是沖繩麵，原料是麵粉，煮熟後再用油攪和以增強保鮮性，口感跟台灣的牛肉麵麵條類似，不過比牛肉麵麵條更具嚼頭，湯頭也跟牛肉麵完全不同，是以柴魚、昆布為主的和風湯頭，另一種是豬骨湯頭，配料通常是紅燒排骨。「Go-Ya-」和「Chanpuru-」均是方言，前者指綠苦瓜，後者是什錦炒之意；簡單說來便是苦瓜炒豆腐，是沖繩縣傳統家庭料理。「Ikasumijiru」是烏賊墨汁湯，主要材料是軟絲、擬烏賊（學名：Sepioteuthis Lessoniana），日語稱「白烏賊」（Shiroika），是一種棲息在沿海海域的大型烏賊；做法是用柴魚湯把擬烏賊和豬肉煮成烏黑湯汁，據說往昔用來當藥材，對上火、肩膀酸痛、產後均有效，尤其對女性產後的建康極為有益。

眾所皆知，日本是世界長壽國，女性平均壽命更是連續二十四年高居全球第一（二〇〇九年調查報告）。就日本人與中國人來比較的話，日本人的平均壽命比中國人多十歲左右。WHO曾做過世界各國飲食與建康調查統計，得出平日習慣吃乳製品、喝牛奶地區的人，平均壽命較長的結果。目前全世界平均壽命最長的國家是日本，但日本國內最長壽的地區是沖繩縣人，他們習慣吃乳製品或每天喝牛奶嗎？根據統計，在日本四十七個都道府縣中，乳製品消費最多的地區是栃木縣，可栃木縣人的男女平均壽命排行竟是從倒數算起比較快。長壽縣的沖繩人，乳製品和牛奶消費額

いかすみ汁／Ikasumijiru

沖縄ゴーヤー／Okinawa-Go-Ya-

排行均為日本全國倒數第二位，可見乳製品和牛奶並非長壽的決定性因素。除了沖繩縣（女性），日本另一個長壽地區是長野縣（男性），但在日本所有與飲食習慣有關的調查統計中，卻找不出這兩縣消費排行全國第一的食品。換句話說，長野縣人和沖繩縣人每天吃的可能都是營養均衡的家鄉菜。

人口十萬中，沖繩縣百歲以上的人口比率占百分之六七．四四，連續三十七年均為日本國內長壽縣第一名，百歲以上的長壽者總計九二八人，但女性居多，有八二一人，最高齡是一一四歲，男性僅有一〇七人（以上數字均為二〇〇九年九月統計）。沖繩縣男性的平均壽命在日本並不高，排行第二十多位。我本來以為這些長壽者可能都住在離島或遠離都市區的地方，不料九百多人中竟有一六九人住在那霸市，離島地區反而較少。

沖繩縣是南國，一般人對南國人的印象是樂天派，個性開朗，有話直說，不矯揉造作，但沖繩縣與其他南國地區不一樣。沖繩縣人基於過往經常受外族人侵略統治的歷史背景，對外族人戒心很強，同族意識極為濃厚。不過，只要融入他們的族群，他們會視你為自己人，現出南國人本性。失業率居日本全國第一，但改行跳槽率竟居末位，簡單說來，沖繩縣人即便失業，也不會離開故鄉前往外縣找工作。另一點很有趣，沖繩縣人的離婚率是日本全國第一，連續十餘年均居首位，其次是大阪、北海道，這似乎跟女性縣民性有關。北海道女性具有拓荒精神，男女平等主義非常強；大阪女性也多為行動派，經濟觀念發達；而沖繩縣女性於婚後也不會懷著嫁雞隨雞、嫁狗隨狗的觀念，她們跟娘家的關係非常密切（同族意識）。換句話說，此三縣的女性均很樂觀，而且具有獨立精神與經濟能力，因此當她們於婚後若發現嫁錯了人，便會來個快刀斬亂麻，把丈夫給休掉。

ゴーヤーチャンプルー／
Go-Ya-Chanpuru-

沖縄そば／Okinawa-Soba

北海道

北海道	ジンギスカン	Jingisukan	羊肉燒
	石狩鍋／いしかりなべ	Ishikarinabe	鮭魚料理
	ちゃんちゃん焼き／ちゃんちゃんやき	Chanchanyaki	鐵板鮭魚料理

東北地方

青森縣	苺煮／いちごに	Ichigoni	海膽鮑魚清湯
	煎餅汁／せんべいじる	Senbeijiru	火鍋的一種
岩手縣	わんこそば	Wanko-Soba	一口蕎麥麵
	ひっつみ	Hittsumi	麵粉和水撕成塊狀煮成的「水團」
宮城縣	ずんだ餅／ずんだもち	Zundamochi	毛豆裏年糕的甜點
	はらこ飯／はらこめし	Harakomeshi	鮭魚的親子丼
福島縣	こづゆ	Koduyu	以干貝為湯頭，加入紅蘿蔔、芋頭、蒟蒻、木耳、銀杏、豆腐等食材的湯汁料理
	にしんの山椒漬け／にしんのさんしょうづけ	Nishin-no-Sanshouduke	山椒醃鯡魚
秋田縣	きりたんぽ鍋／きりたんぽなべ	Kiritanpo-Nabe	烤飯糰火鍋
	稲庭うどん／いなにわうどん	Inaniwa-Udon	稻庭烏龍麵
山形縣	芋煮／いもに	Imoni	芋頭、蒟蒻、蔥、牛肉煮成「壽喜燒」（Sukiyaki）風味的火鍋
	どんがら汁／どんがらじる	Dongarajiru	味噌口味的魚火鍋

關東地方

栃木縣	しもつかれ	Shimotsukare	鹹鮭魚魚頭、炒熟的黃豆、蘿蔔泥、紅蘿蔔，用酒糟調味的混合料理
	ちたけそば	Chitake-Soba	乳茸蕎麥麵
茨城縣	あんこう料理／あんこうりょうり	Ankou-Ryouri	鮟鱇料理
	そぼろ納豆／そぼろなっとう	Soboro-Nattou	切碎的納豆和乾蘿蔔絲攪合一起，再用醬油調味
群馬縣	おっきりこみ	Okkirikomi	將燴麵與根菜類、芋頭煮成濃稠湯頭
	生芋こんにゃく料理／なまいもこんやくりょうり	Namaimo-KonNyaku-Ryouri	直接用地下球莖製成的蒟蒻料理
埼玉縣	冷汁うどん／ひやしるうどん	Hiyashiru-Udon	涼烏龍麵
	いが饅頭／いがまんじゅう	Iga-Manjuu	外層裏紅豆飯的豆沙包甜點
千葉縣	太巻き壽司／ふとまきずし	Futomakizushi	用各種配料捲成花草、動物、文字、鳥類等模樣的壽司
	イワシのごま漬け／いわしのごまづけ	Iwashi-no-Gomaduke	鹽醃沙丁魚
東京都	深川丼／ふかがわどん	Fukagawadon	用蛤仔、文蛤等貝類，加入油豆腐、蔥、紅蘿蔔等蔬菜煮成味噌湯後，直接澆在白飯上的蓋飯
	くさや	Kusaya	魚乾

神奈川縣	へらへら団子／へらへらだんご	Herahera-Dango	將麵粉和糯米粉混合做成扁丸子，再蘸上紅豆泥的甜點
	かんこ焼き／かんこやき	Kankoyaki	用麵粉皮裹山菜、菇類、栗子煎成的圓餅

中部地方

新潟縣	のっぺい汁／のっぺいじる	Noppeijiru	芋頭、紅蘿蔔、牛蒡、蓮藕、香菇、銀杏、蒟蒻，再加雞肉或海鮮煮成的濃湯
	笹壽司／ささずし	Sasazushi	用竹葉裹成的壽司
長野縣	信州そば／しんしゅうそば	Shinshuu-Soba	信州蕎麥麵
	おやき／おやき	Oyaki	與台灣的高麗菜水煎包相似的圓形煎包
山梨縣	ほうとう	Houtou	燴烏龍麵
	吉田うどん／よしだうどん	Yoshida-Udon	吉田烏龍麵
靜岡縣	桜えびのかき揚げ／さくらえびのかきあげ	Sakuraebi-no-Kakiage	櫻蝦天麩羅
	うなぎの蒲焼き／うなぎのかばやき	Unagi-no-Kabayaki	鰻魚蒲燒
愛知縣	ひつまぶし	Hitsumabushi	鰻魚蒲燒切碎盛在白飯上
	味噌煮込みうどん／みそにこみうどん	Miso-Nikomi-Udon	味噌烏龍麵
富山縣	鱒壽司／ますずし	Masuzushi	鱒魚做的押壽司
	ぶり大根／ぶりだいこん	Buri-Daikon	冬鰤魚頭、魚骨和蘿蔔，用醬油、味醂等紅燒而成
岐阜縣	栗きんとん／くりきんとん	Kuri-Kinton	和菓子的一種
	朴葉味噌／ほおばみそ	Hooba-Miso	在乾燥的木蘭科日本厚朴葉上盛味噌，加入蔥、香菇或其他山菜，用炭火烤後拌飯吃
石川縣	カブラ壽司／かぶらずし	Kaburazushi	把鹽醃蕪菁做成割包形狀，再夾入鹹冬鰤魚片，並放進加入紅蘿蔔絲、昆布絲、米麴的容器內醃漬
	治部煮／じ ぶに	Jibuni	雞肉、香菇、麵筋、青菜、筍、蓮藕，用日式高湯加醬油、砂糖、酒、味醂煮成湯汁
福井縣	越前おろしそば／えちぜんおろしそば	Echizen-Oroshisoba	在蕎麥麵添加蘿蔔泥、柴魚片、蔥，再澆上調味汁的涼麵
	さばのへしこ	Saba-no-Heshiko	將去掉頭尾、內臟的鹽醃鯖魚再度以米糠醃漬

近畿地方

滋賀縣	鮒壽司／ふなずし	Funazushi	醃鯽魚做的壽司
	鴨鍋／かもなべ	Kamonabe	野鴨火鍋
三重縣	伊勢うどん／いせうどん	Ise-Udon	伊勢烏龍麵
	手こね壽司／てこねずし	Tekonezushi	海鮮散壽司或海鮮蓋飯
京都府	京漬物／きょうつけもの	Kyo-Tsukemono	京都傳統泡菜
	賀茂なすの田楽／かもなすのでんがく	Kamonasu-no-Dengaku	將既圓又厚的賀茂茄子橫切為半，用文火慢慢煎熟，再盛上甜味噌

大阪府	箱壽司／はこずし	Hakozushi	用木框裝醋飯，上層盛鮮魚、星鰻、鯛魚、蝦等，壓成四角長方形
	白みそ雑煮／しろみそぞうに	Shiromiso-Zouni	白味噌湯
兵庫縣	牡丹鍋／ぼたんなべ	Botannabe	山豬肉火鍋
	いかなごのくぎ煮／いかなごのくぎに	Ikanago-no-Kugini	將三、四公分長的魚苗用醬油、味醂、砂糖、薑等紅燒
奈良縣	柿の葉壽司／かきのはずし	Kakinohazushi	柿葉包裹鹹青花魚或鮭魚的壽司
	三輪素麵／みわそうめん	Miwa-Soumen	冷熱皆宜的素麵
和歌山縣	鯨の竜田揚げ／くじらのたつたあげ	Kujira-no-Tatsutaage	炸鯨魚肉
	めはり壽司／めはりずし	Meharizushi	鹹大芥菜包裹白飯的飯糰

中國地方

鳥取縣	かに汁／かにじる	Kanijiru	深海雪蟹味噌湯
	あごのやき	Ago-no-Yaki	飛魚竹輪
島根縣	出雲そば／いずもそば	Izumo-Soba	出雲蕎麥麵
	しじみ汁／しじみじる	Shijimijiru	蜆貝湯
岡山縣	岡山ばら壽司／おかやまばらずし	Okayamabarazushi	在醋飯盛上許多海鮮時蔬，類似散壽司
	ままかり壽司／ままかりずし	Mamakarizushi	用壽南小沙丁魚做成的握壽司
廣島縣	牡蠣の土手鍋／かきのどてなべ	Kaki-no-Dotenabe	是先在沙鍋內側塗上一層味噌，鍋內放牡蠣、豆腐、蔬菜，煮熟後準備吃時再攪拌鍋內的味噌調味
	あなご飯／あなごめし	Anago-Meshi	星康吉鰻蓋飯
山口縣	河豚料理／ふぐりょうり	Fugu-Ryouri	河豚做的各式料理
	岩国壽司／いわくにずし	Iwakunizushi	押壽司中最華麗的一種

四國

德島縣	蕎麥米雜炊／そばごめぞうしゅい	Sobagome-Zousui	蕎麥粒稀飯
	ぼうぜの姿寿司／ぼうぜのすがたずし	Bouze-no-Sugatazushi	刺鯧魚壽司
香川縣	讃岐うどん／さぬきうどん	Sanuki-Udon	讃岐烏龍麵
	あんもち雑煮／あんもちぞうに	Anmochi-Zouni	調料是白味噌，配料是紅蘿蔔、白蘿蔔，中央放個甜豆沙麻糬的元旦湯汁
愛媛縣	宇和島鯛めし／うわじまたいめし	Uwajima-Taimeshi	鯛魚飯
	じゃこ天／じゃこてん	Jakoten	雜魚天麩羅
高知縣	かつおのたたき	Katsuo-no-Tataki	半生魚片料理
	皿鉢料理／さわちりょうり	Sawachi-Ryouri	用直徑四十公分以上的大盤子，各自盛生魚片、紅燒料理、壽司、水果、甜點，讓客人自己夾取到小盤子內

九州、沖繩

福岡縣	水炊き／みずたき	Mizutaki	連皮帶骨的雞肉與蔬菜火鍋
	がめ煮／がめに	Gameni	連皮帶骨的雞肉，和根莖類蔬菜一起紅燒
佐賀縣	呼子イカの活きづくり／よぶこいかのいきづくり	Yobuko-Ika-no-Ikidukuri	生烏賊絲做的料理
	須古寿し／すこずし	Sukozushi	傳統押壽司
長崎縣	卓袱料理／しっぽくりょうり	Shippoku-Ryouri	在圓桌擺上眾多大盤菜，客人可以直接用筷子夾菜
	具雜煮／ぐぞうに	Guzouni	有麻糬的火鍋料理
大分縣	ブリのあつめし	Buri-no-Atsumeshi	鰤魚溫飯
	ごまだしうどん	Gomadashi-Udon	將烤熟的狗母魚磨碎，加醬油和芝麻做成調味料，之後盛在烏龍麵上並澆上熱湯
	手延べだんご汁／てのべだんごきる	Tenobe-Dangojiru	用手撕成棒狀再捍成麵條的扁條麵，湯頭是味噌口味
熊本縣	馬刺し／ばさし	Basashi	生馬肉片
	いきなりだご	Ikinaridago	甘藷甜點
	辛子蓮根／からしれんこん	Karashi-Renkon	將芥末味噌塞進蓮藕空洞，再裹上用麵粉和薑黃粉混成的黃色麵衣油炸而成
宮崎縣	地鶏の炭火焼き／じどりのすみびやき	Jidori-no-Sumibiyaki	烤土雞肉
	冷や汁／ひやじる	Hiyajiru	小魚乾與味噌熬煮的湯頭冷卻後澆入白飯或麥飯
鹿兒島縣	雞飯／けいはん	Keihan	以雞湯為底的茶泡飯
	きびなご料理／きびなごりょうり	Kibinago-Ryouri	日本銀帶鯡料理
	つけあげ	Tsukeage	魚漿油炸食品
沖繩縣	沖縄そば／おきなわそば	Okinawa-Soba	沖繩麵
	ゴーヤーチャンプルー	Go-Ya-Chanpuru-	苦瓜炒豆腐
	いかすみ汁／いかすみじる	Ikasumijiru	用柴魚湯把擬烏賊和豬肉煮成的烏黑湯汁

MIYA 003

MIYA 字解日本

鄉 土 料 理

國家圖書館出版品預行編目資料

MIYA字解日本：鄉土料理／茂呂美耶著
．-- 初版. -- 臺北市：麥田, 城邦文化出版：
家庭傳媒城邦分公司發行, 民 99.01
面； 公分. --（MIYA；3）
ISBN 978-986-173-606-8（平裝）
1. 文化 2. 食譜 3. 日本
731.3 98025370

作者 茂呂美耶
選書人 林秀梅
責任編輯 林怡君

副總編輯 林秀梅
總經理 陳蕙慧
發行人 涂玉雲
出版 **麥田出版**
城邦文化事業股份有限公司
104 中山區民生東路二段141號5樓
電話：02-25007696 傳真：02-25001966
部落格：http://blog.pixnet.net/ryefield
發行 **英屬蓋曼群島商家庭傳媒股份有限公司城邦分公司**
104 台北市中山區民生東路二段141號11樓
書虫客服服務專線：02-25007718；02-25007719
24小時傳真專線：02-25001990；02-25001991
服務時間：週一至週五 09:30-12:00；13:30-17:00
劃撥帳號：19863813； 戶名：書虫股份有限公司
讀者服務信箱 E-mail：service@readingclub.com.tw
歡迎光臨城邦讀書花園 網址：www.cite.com.tw
香港發行所 城邦(香港)出版集團有限公司
香港灣仔駱克道193號東超商業中心1樓 電話：(852) 25086231 傳真：(852) 25789337
E-mail：hkcite@biznetvigator.com
馬新發行所 城邦（馬新）出版集團【Cite(M) Sdn. Bhd.(458372U)】
11,Jalan 30D/146, Desa Tasik, Sungai Besi, 57000 Kuala Lumpur, Malaysia.
電話：(603) 90563833 傳真：(603) 90562833
美術設計 江孟達工作室
插畫繪製 張瓊文
印刷 沐春行銷創意有限公司
初版 一刷 2010年(民99) 1月19日
初版 八刷 2016年(民105) 5月5日
售價 360元
ISBN 978-986-173-606-8

麥田出版

Rye Field Publications
A division of Cité Publishing Ltd.

廣 告 回 函
北區郵政管理局登記證
台北廣字第000791號
免 貼 郵 票

英屬蓋曼群島商
家庭傳媒股份有限公司城邦分公司
104 台北市民生東路二段141號5樓

請沿虛線折下裝訂，謝謝！

文學・歷史・人文・軍事・生活

麥田出版
Rye Field Publications

RB9003

書名：MIYA字解日本 —— 鄉土料理

Miya讓您從閱讀、吃，和自己動手開始，
真正認識日本鄉土料理！

活動日期：即日起~3/1日止（以郵戳為憑）
得獎名單於3/8日公布於麥田部落格，並由麥田出版社通知得獎的讀者。
寄回本回函即可參加抽獎：

1 **山治日本鄉下料理夜間套餐**，共15名。
（價值1000元，需預約，使用期限：99年6月30日前）

2 **4F Cooking Home**
名師教授日本鄉土料理課程一堂，共12名。
（價值2000元，上課時間3/20）

4F Cooking Home

4F Cooking Home

地址：台北市大安區永康街10號之3四樓
電話：02-23216608
網址：http://www.4fcookinghome.com.tw
E-Mail：4FCookingHome@gmail.com

山治 日本鄉下料理店

山治日本鄉下料理

地址：台北市民生東路三段130巷18弄5號
電話：02-27163755

姓名：________________

電話：________________

Email：________________

地址：________________

____

____